Jan Maurits van Mourik

Génese natural versus antropogénica dos mardéis no planalto de Gutland

Jan Maurits van Mourik

Génese natural versus antropogénica dos mardéis no planalto de Gutland

Um estudo geoecológico de formas de relevo misteriosas

ScienciaScripts

Cover image: www.ingimage.com

This book is a translation from the original published under ISBN 978-620-2-05102-6.

Publisher:
Sciencia Scripts
is a trademark of
Dodo Books Indian Ocean Ltd. and OmniScriptum S.R.L publishing group

120 High Road, East Finchley, London, N2 9ED, United Kingdom
Str. Armeneasca 28/1, office 1, Chisinau MD-2012, Republic of Moldova, Europe
Printed at: see last page
ISBN: 978-620-8-24504-7

Conteúdo.

Capítulo 1. Prefácio. 2

Capítulo 2. Introdução. 5

Capítulo 3. Material e técnicas de análise. 10

Capítulo 4. O desenvolvimento holocénico da vegetação e do uso do solo no planalto de Gutland, com base em diagramas polínicos de Histosols. 14

Capítulo 5. Palinologia de um solo de floresta, desenvolvido sob Fageto-Quercetum em pedra marga desgastada. 23

Capítulo 6. Diagramas de recheios de mardel nos mármores de Strassen. 31

Capítulo 7. Diagramas dos mardéis do Steinmergelkeuper. 44

Capítulo 8. A correspondência arqueométrica entre cerâmica e barro de mardel. 54

Capítulo 9. Discussão e conclusões 59

Referências. 68

Capítulo 1. Prefácio.

Os funcionários e estudantes do departamento de geografia física da Universidade de Amesterdão investigaram durante mais de 50 anos vários temas geoecológicos na paisagem luxemburguesa.

Este livro relata os progressos na investigação dos mardéis, formas de relevo caraterísticas do planalto luxemburguês de Gutland. Com base em observações de campo e em análises polínicas convencionais, os mardéis do planalto luxemburguês de Gutland foram considerados como fenómenos geológicos. No entanto, os resultados dos estudos sobre os mardéis fora do Luxemburgo (nomeadamente na Lorena) apontam para a probabilidade de se tratar de depressões fechadas criadas pelo homem.

Para resolver a problemática natural versus antropogénica, voltámos aos arquivos do solo e aplicámos a análise quantitativa de pólen e a análise arqueométrica de proveniência a uma seleção de mardelos de Gutland.

Este relatório reúne os resultados de vários estudos de caso dedicados a diversos aspectos da génese dos mardéis de Gutland, publicados anteriormente em várias revistas, completados com resultados adicionais de novas investigações paleoecológicas. Estes aspectos dizem respeito ao enquadramento geológico (Slotboom, 1963), ao desenvolvimento geomorfológico (Poeteray et.al., 1984; van Mourik e Slotboom, 2017), ao mistério homem versus natureza (Slotboom e van Mourik, 2015) e aos resultados da análise da proveniência da cerâmica local romana (Braekmans et al., 2017).

Dedicamos honrosamente este relatório ao falecido Ruud Slotboom. Como jovem pioneiro científico, foi enviado para o Gutland luxemburguês para descobrir a origem dos mardéis. Os resultados foram publicados na sua tese de doutoramento (Slotboom, 1963). Mas, 50 anos mais tarde, motivado pelos resultados contrastantes de investigadores como Schmalen (2001) e Etienne et al. (2011), decidiu regressar, tal como o autor deste relatório, às mardelas de Gutland para encontrar novos dados que contribuíssem para a controversa questão da génese natural/antropogénica das mardelas.

Os resultados preliminares relativos aos mardéis das margas de Strassen foram publicados pouco antes do falecimento de Ruud, em fevereiro de 2015 (Slotboom & van Mourik, 2015). O autor do presente relatório decidiu concluir o estudo do mardel de Gutland com o estudo dos mardéis do Steinmergelkeuper e a aplicação de testes arqueométricos para correlacionar os enchimentos dos mardéis e a cerâmica romana.

Esta parte da investigação só foi possível graças aos contributos dos amigos cientistas de Ruud Slotboom, bem como dos mardéis de Gutland.

Roman Jacoby (De Viichter Geschichtfrënd, Luxemburgo) contribuiu com conselhos arqueológicos e trabalho de campo no sítio de Biischtert e doou fragmentos de cerâmica do seu museu arqueológico privado em Michelbouch para os testes arqueométricos.

Tom Scholtes (Commune de la Vallée de l'Ernz, Service Forestier, Medernach) contribuiu com a identificação de mardéis na sua região de gestão e com a localização do local onde pudemos recolher fragmentos de cerâmica da antiga fábrica romana de lavoura perto de Savelborn / Kalefeld.

Annemarie Philip (IBED, Universidade de Amesterdão, laboratório de pólen) contribuiu para o projeto com a preparação das lâminas de pólen.

Leo Hoitinga e Rutger van Hall (IBED, Universidade de Amesterdão, laboratório de solos) contribuíram para o projeto com as análises granulométricas das amostras de argila, retiradas de depósitos de mardel e do solo circundante.

Marieke Doorenbosch (Faculdade de Arqueologia, Universidade de Leiden) contribuiu para o projeto através de análises polínicas e da conceção de diagramas polínicos.

Dennis Braekmans (Faculdade de Arqueologia, Universidade de Leiden) contribuiu para o projeto através da correspondência arqueométrica de amostras de argila e cerâmica, com a ajuda de Ruud Hendrikx (Departamento de Ciência e Engenharia de Materiais da Universidade Técnica de Delft), que realizou a análise de raios X.

Hans van der Plicht (Centro de Investigação de Isótopos - CIO, Universidade de Groningen) contribuiu para o projeto com a realização de datações por radiocarbono de amostras dos Histosols.

Jan van Arkel (IBED, Universidade de Amesterdão) contribuiu para o projeto com a criação de várias ilustrações digitais.

A Biblioteca da Universidade de Amesterdão / Colecções Especiais / Departamento de Mapas, forneceu os fragmentos dos mapas topográficos, utilizados para a indicação da localização dos pontos de amostragem.

Capítulo 2. Introdução.

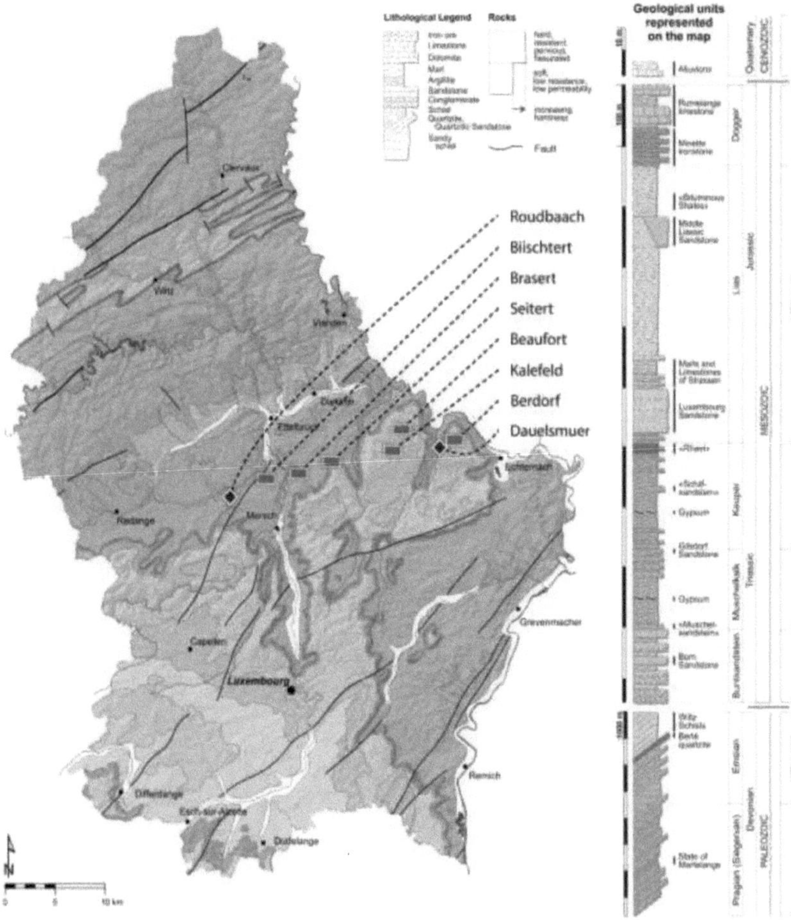

Figura 1. Mapa geológico do Luxemburgo com a localização dos locais de amostragem dos dois perfis de referência e dos seis núcleos de mardel nas margas Strassen e Steinmergelkeuper https://map.geoportail. lu/.

A estrutura geológica (fig. 1) do Gutland luxemburguês é herdada da evolução paisagística do Terciário e do Quaternário, iniciada pelo levantamento tectónico pliocénico de toda a região do Luxemburgo (Lucius, 1948). O atual Gutland é uma paisagem de cuesta, coberta por formações rochosas sedimentares alternadamente inclinadas, com diferentes resistências à meteorização e à erosão.

Durante o Pleistoceno, a paisagem foi sujeita a vários ciclos de meteorização e erosão através da alternância de períodos glaciares e interglaciares (Lucius, 1948; Verhoef, 1966). Durante os períodos glaciares, o desenvolvimento da paisagem foi dominado pela erosão e pela desnudação em condições periglaciares. Durante os períodos interglaciais, a paisagem tornou-se vegetada, a desnudação foi reduzida e os perfis de solo puderam desenvolver-se.

A evolução da paisagem no Holocénico começou numa paisagem com finas coberturas regolíticas de encostas e depósitos de cascalho pré-holocénicos nos fundos dos vales (Heuertz e Heyart, 1964; Verhoef, 1966). O crescimento das plantas, a meteorização das rochas e a formação do solo foram os processos dominantes no início do Holocénico. A taxa de erosão do solo nas encostas das colinas e a sedimentação aluvial nos vales dos rios eram baixas (van Mourik e Slotboom, 2017).

A geologia de superfície do planalto de Gutland é dominada por arenitos luxemburgueses, margas de Strassen e margas de Keuper (fig.1). A podzolização é o processo dominante no solo em arenito intemperizado, a lixiviação lateral de argila é o processo dominante de formação de solo sob floresta de folha caduca no Lias e Keuper marlstone (Cammeraat e Kooijman, 2009), resultando em Alisols estagnados (Isric/FAO, 2006).

A caraterística da geomorfologia do planalto de Gutland é a ocorrência de mardéis, pequenas depressões fechadas (diâmetro 10-50 m; profundidade 1-3 m). A maior parte dos mardéis ocorre em grupos nas florestas, os mardéis em pastagens (como Kalefeld) são excepcionais. Presume-se que, fora das florestas, os mardéis podem ter sido ocultados pelo nivelamento agrícola (Poeteray et al., 1984). Nestes mardéis, a deposição de colúvio argiloso provoca a estagnação da água, resultando no desenvolvimento de pântanos e zonas húmidas que contribuem potencialmente para a biodiversidade da paisagem atual.

As formas de relevo dos mardéis são bastante semelhantes às do pingo e das dolinas. No entanto, as paredes anelares periglaciais, caraterísticas dos pingos, estão ausentes e, ao contrário das dolinas em forma de funil, têm um fundo plano (Slotboom, 1963).

Os núcleos de enchimentos sedimentares de mardéis revelaram-se valiosos arquivos de solo para a reconstrução da evolução da paisagem do Holocénico tardio do Gutland (Slotboom e van Mourik, 2015; van Mourik e Slotboom, 2017). Uma tipologia geomorfológica de mardéis, ocorrendo no planalto de Gutland, é apresentada na fig. 2 (de acordo com van Mourik e Slotboom; 2017).

A génese das mardelas tem sido objeto de numerosas investigações dentro e fora do Luxemburgo. Os trabalhos publicados antes de 2010 sugeriam uma génese natural dos mardéis (Lucius, 1941, 1948; Slotboom, 1963; Braque, 1966; Poeteray et.al, 1984, Barth, 1996; Gauthier, 2000; Thoën e Hérault; 2006). Estes autores atribuíram a génese da maioria dos mardéis no mármore Keuper no Luxemburgo e na Lorena à solução subsuperficial de inclusões de gesso, seguida de colapso e subsidência dos leitos sobrejacentes.

No entanto, um inventário atualizado dos mardéis no planalto de Gutland (Schmalen, 2002) inclui, para além dos mardéis no margaço Keuper (formação Steinmergelkeuper, unidade Km3 no mapa geológico nacional Lucius, 1948; https://map.geoportail.lu/), também alguns mardéis no margaço Lias (formação Strassen marl, unidade Li3, depositada no arenito Luxemburguês, unidade Li2 no mapa geológico nacional). A Li3 é uma formação sem inclusões solúveis, o que significa que a sua génese deve ser diferente dos mardéis de Keuper. O inventário de Schmalen, 2002, centrou-se apenas na qualidade da água e na biodiversidade das zonas húmidas e não pretendia contribuir para a génese dos mardéis.

Em estudos mais recentes sobre os mardéis na Lorena, a génese natural dos mardéis foi contrariada (Etienne et al., 2011; 2013). Estes autores mostraram que os mardéis investigados se formaram num período de tempo relativamente curto, durante a jovem Idade do Ferro e a Época Romana, numa paisagem aberta e parcialmente desflorestada.

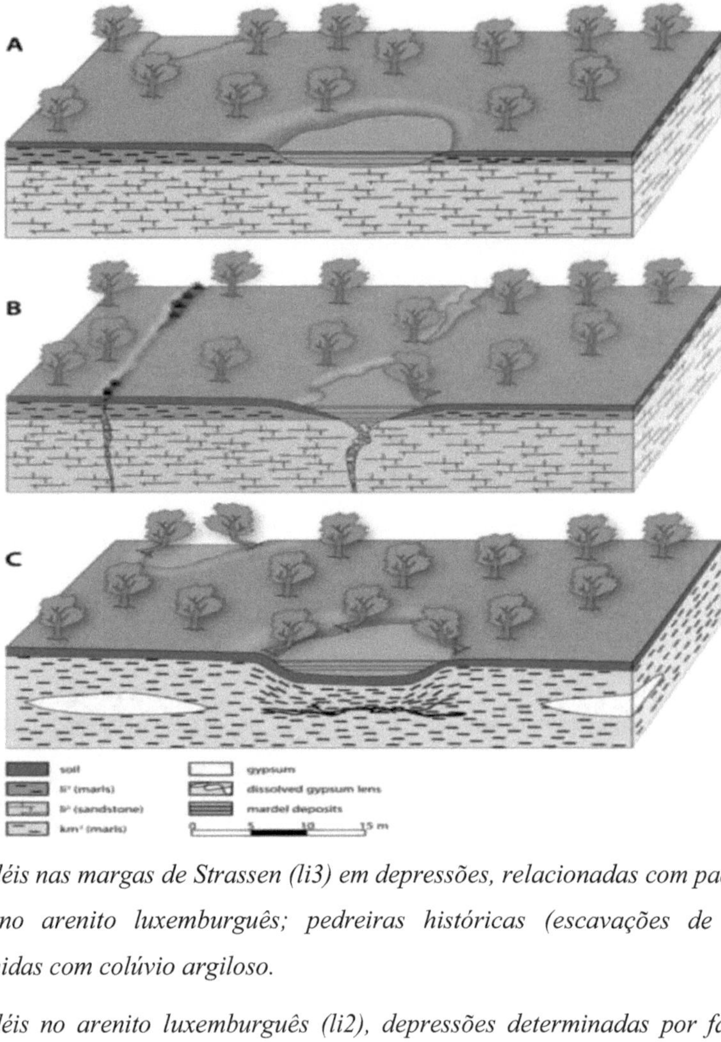

A. Mardéis nas margas de Strassen (li3) em depressões, relacionadas com padrões de juntas no arenito luxemburguês; pedreiras históricas (escavações de argila), preenchidas com colúvio argiloso.

B. Mardéis no arenito luxemburguês (li2), depressões determinadas por falhas ou juntas, preenchidas por coluviões arenosos e turfa.

C. Mardels, no Steinmergelkeuper (km3) em bacias de subsidência causadas pela solução subsuperficial de lentes de gesso, preenchidas com colúvio argiloso.

Figura 2. Tipologia dos mardéis no planalto de Gutland (segundo Slotboom e van Mourik, 2015).

É muito provável que tenham sido feitos pelo homem para vários fins possíveis, como extração de argila, marga do solo, bebedouros para o gado ou tanques para peixes, mas o objetivo exato das escavações permanece incerto. Os preenchimentos sedimentares destes mardéis puderam ser datados palinologicamente como sendo pós-romanos e, consequentemente, a maioria destes mardéis foram levantados como escavações galo-romanas com um preenchimento sedimentar pós-romano. Para separar a génese natural da génese antropogénica dos mardéis no planalto de Gutland, combinámos os resultados de investigações paleoecológicas anteriores de mardéis (Slotboom e van Mourik, 2015; van Mourik e Slotboom, 2017), os resultados da análise arqueométrica (Braekmans et al., 2017) e os resultados de novas investigações paleoecológicas.

Capítulo 3. Material e técnicas de análise.

3.1. Seleção dos perfis de referência e mardel.

Os diagramas polínicos dos preenchimentos de mardelos desempenham um papel fundamental na reconstrução da génese dos mardelos. As referências palinológicas regionais, utilizadas neste estudo, baseiam-se nos diagramas polínicos de dois Histosols, o perfil Roudbaach de depósitos turfosos do fundo do vale (anteriormente publicado em van Mourik e Slotboom, 2017) e o perfil Dauwelsmuer de depósitos turfosos num carr de amieiros (este estudo).

Selecionámos três mardéis para amostragem nas margas Lias: Berdorf, Beaufort (diagramas previamente publicados em Slotboom e van Mourik, 2015) e Kalefeld (previamente publicado em Poetery et al., 1984 e reamostrado para este estudo). Outros três mardéis foram selecionados nas margas de Keuper: Brasert, Seitert e Biischtert (este estudo). Os enchimentos dos mardéis foram amostrados com um trado de turfa para análise polínica. Recolhemos amostras dos núcleos na broca com uma resolução vertical de 2,5 cm (fig. 2). Recolhemos amostras adicionais dos Stagnosols nos mardéis e dos Alisols estagnados nas margas meteorizadas circundantes (a montante) com um trado de solo "Edelman" (profundidade 50-60 cm) para análise granulométrica e testes arqueométricos. A determinação do solo baseou-se no World Soil Resources Report 103 (Isric/Fao, 2006).

Para uma boa interpretação dos diagramas polínicos dos recheios de mardel, devem ser compreendidos os processos polínicos do solo e o perfil polínico dos solos florestais (Alisols estagnados) nas imediações (por exemplo, a montante) dos mardels. Por essa razão, recolhemos amostras do perfil do solo na floresta Brasert, 30 m a montante do mardel Brasert. As amostras foram recolhidas com uma resolução vertical de 2,5 cm a partir de uma cova de perfil.

Os achados de cerâmica romana nas proximidades dos mardéis são muito escassos. Nas proximidades do mardel Kalefeld, foram encontrados vestígios de lavadouros romanos, tal como descrito por Folmer e Krier, 1980. Foi encontrada cerâmica romana no sítio arqueológico de Biischtert, perto do mardel de Biischtert, descrito por Jacobi,

2011.

3.2. Extração de pólen e palinocronologia.

As extracções de pólen das amostras foram efectuadas utilizando o método de extração de tufa (Moore et al., 1991). O método do grão marcador exótico foi aplicado às preparações dos núcleos de mardel de Berdorf, Beaufort, Seitert, Brasert, Biischtert e do solo florestal Brasert para a estimativa das densidades polínicas dos vários horizontes. Para a identificação dos grãos de pólen, foi aplicada a chave polínica de Moore et al. (1991). As extracções de pólen foram realizadas no Laboratório de Palinologia do IBED, Universidade de Amesterdão. As pontuações polínicas foram calculadas como percentagens da soma total de pólen ($200 < \Sigma < 400$) de espécies vegetais arbóreas e herbáceas, com exceção das lâminas polínicas das amostras das camadas de base (as 2C e 2Cca), amostras com concentrações polínicas muito baixas. Curvas de espécies com pontuações incidentais foram excluídas dos diagramas polínicos.

O objetivo da análise polínica dos núcleos de mardel era duplo: em primeiro lugar, datar os preenchimentos sedimentares e, em segundo lugar, obter informações palinológicas sobre a transição dos depósitos coluviais e do solo subjacente (truncado) em marga meteorizada.

As datas de radiocarbono dos depósitos de mardel não são fiáveis devido a efeitos de reservatório (Mook e Streurman, 1983; Slotboom & van Mourik, 2015), particularmente pela entrada de carbono orgânico do solo (erodido a montante e transportado a jusante) (incluindo restos macro) por processos de declive. A palino-cronologia dos diagramas de mardel apresentados neste artigo deve basear-se nos marcadores palinológicos de tempo registados nos diagramas de referência fiáveis datados por radiocarbono dos Histossolos Roudbaach e Dauwelsmuer. A única exceção foi uma camada de turfa pouco profunda no mardel Beaufort. Aqui a deposição do enchimento do mardel começou com um Histosol inicial.

Os marcadores temporais claros baseados nos diagramas de referência dos Histossolos que podem ser reconhecidos nos diagramas de preenchimentos de mardelos são (1) a transição do Quercetum mixtum para o Fageto-Quercetum, (2) o início da desflorestação e o aumento dos indicadores culturais, (3) os picos subatlânticos de *Fagus,* (4) o aparecimento de *Fagopyrum* e (5) *Picea* (Persch, 1950; Slotboom, 1963). Por vezes, a expressão destes marcadores nos diagramas pode ser bastante clara, mas em particular os picos da curva de *Fagus* podem ser muito fracos ou mesmo ausentes. A cronologia dos diagramas baseia-se na zonação de Firbas (1949).

3.3. Arqueometria.

A origem dos recheios de mardel no planalto de Gutland não pode ser explicada de forma satisfatória apenas com os resultados dos diagramas polínicos dos recheios de mardel. Partindo do princípio de que os humanos controlaram o aparecimento dos mardéis, é importante compreender por que razão as pessoas escavaram mardéis. A explicação mais plausível para a escavação de mardéis no planalto de Gutland é a extração de argila para produzir cerâmica. Se for este o caso, espera-se uma relação entre a composição química da argila do mardel e os (fragmentos de) achados cerâmicos.

A determinação da proveniência de materiais cerâmicos tem sido objeto de extensa investigação nos últimos decénios. No planalto de Gutland foram investigados dois sítios, Biischtert e Kalefeld.

Vários estudos utilizam diversas técnicas geoquímicas para discriminar as fontes de produção de cerâmica. É geralmente aceite que as composições argilosas das matérias-primas seriam semelhantes às composições químicas da cerâmica.

Como técnica analítica, a WD-XRF (espetroscopia de fluorescência de raios X com dispersão de comprimento de onda) tem desempenhado um papel importante na obtenção de cerâmicas antigas e na determinação da sua consistência com vários recursos argilosos originais.

Neste estudo, apresentamos os resultados da análise de amostras do enchimento e dos solos florestais circundantes dos mardéis e de materiais cerâmicos, provenientes do sítio romano localizado em Biischtert, perto do mardel de Biischtert (Jacoby, 2011), bem como de uma suposta instalação de produção romana (de azulejos) em Kalefeld

(Folmer e Krier, 1980). Em geral, o tecido de tijolo está mais oxidado do que as peças de cerâmica de cor mais castanha. No entanto, ambos os grupos são significativamente finos e, por isso, podem justificar uma abordagem química em vez de uma abordagem mineralógica. As amostras de mardel e de solo são provenientes de um pequeno levantamento arqueológico da área realizado em 2015. Todas as amostras analisadas foram pulverizadas e secas em estufa a baixa temperatura (50°C) durante pelo menos 20 horas.

Medições da composição a granel por WD-XRF; equipado com um ânodo de Rh com uma potência de funcionamento de 4,0 kW, uma corrente de tubo de 160 mA e uma excitação de 60 kV. O pó (2g) foi prensado numa pastilha com aglutinante (H3BO3) e medido no vácuo. Os dados foram recolhidos para os seguintes elementos principais: SiO2, Al2O3, Fe2O3, MgO, K2O, TiO2, CaO, P2O5, Na2O, MnO; e elementos menores Ba, Zn, Zr, S, Cr, Rb, Ni, Pb, Sr, Nb, Ce, Y e Cu.

Capítulo 4. O desenvolvimento holocénico da vegetação e do uso do solo no planalto de Gutland, com base em diagramas polínicos de Histosols.

A datação dos enchimentos sedimentares de mardel tem de se basear em referências palinológicas fiáveis, derivadas de diagramas polínicos datados por radiocarbono de depósitos turfosos ou lacustres. Estes diagramas são escassos na região de Gutland. Neste estudo, utilizaremos o diagrama holocénico de um Histosol no fundo do vale do Roudbaach, publicado por van Mourik e Slotboom (2017). Uma segunda referência possível foi o diagrama de um Histosol no amieiro Dauwelsmuer, publicado por Schwenninger (1984). No entanto, a resolução vertical deste diagrama era insuficiente (15 cm), a parte mais antiga da sequência de sedimentos não foi amostrada e não havia datas de radiocarbono disponíveis. Por conseguinte, voltámos a amostrar este perfil para este estudo, com uma resolução vertical de 2,5 cm para análise polínica e datação por radiocarbono.

4.1. Diagrama de referência Roudbaach (Histosol).

O ponto de amostragem Roudbaach (fig. 3) está situado numa parte mais larga do vale de Roudbaach, com condições de charneca. O perfil é constituído por uma sequência de camadas turfosas e argilosas, depositadas no fundo do vale de cascalho do glaciar tardio (Verhoef, 1966). O perfil amostrado é classificado como um Regosol húmico gleyico, sobreposto a um Histosol sáprico. Foram recolhidas duas amostras de turfa (165 cm e 65 cm de profundidade) para datação por radiocarbono convencional.

Tabela 1. Datas convencionais^{14} C do perfil Roudbaach.

Código GrN	profundidade da amostra	Material	^{14}Idade C (BP)	idade calibrada (1-sigma*)
6944	Roudbaach 65 cm	turfa	2815±55	1055-915 A.C.
6933	Roudbaach 165 cm	turfa	9235 ± 86	8577-8357 BC

*) calibrado com OxCal versão 4.2.4.

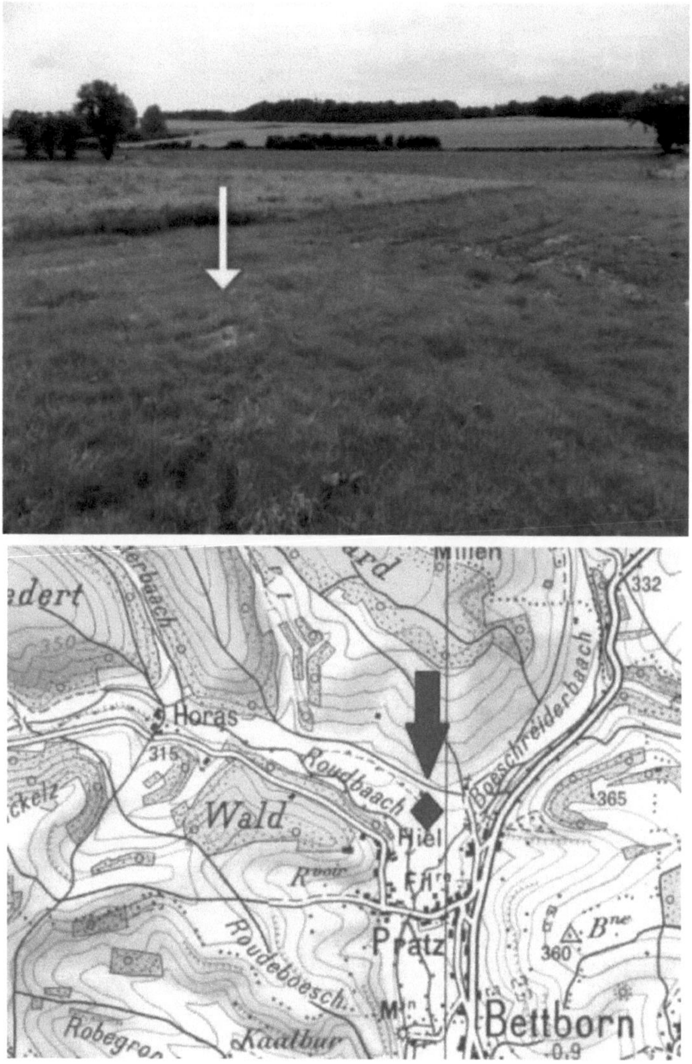

Figura 3. Roudbaach. Em cima: Imagem do vale com a localização da amostra, indicada com a seta branca; Em baixo: Fragmento do mapa topográfico 1:50.000 (Echternach 1955), a localização da amostra é indicada com a seta vermelha.

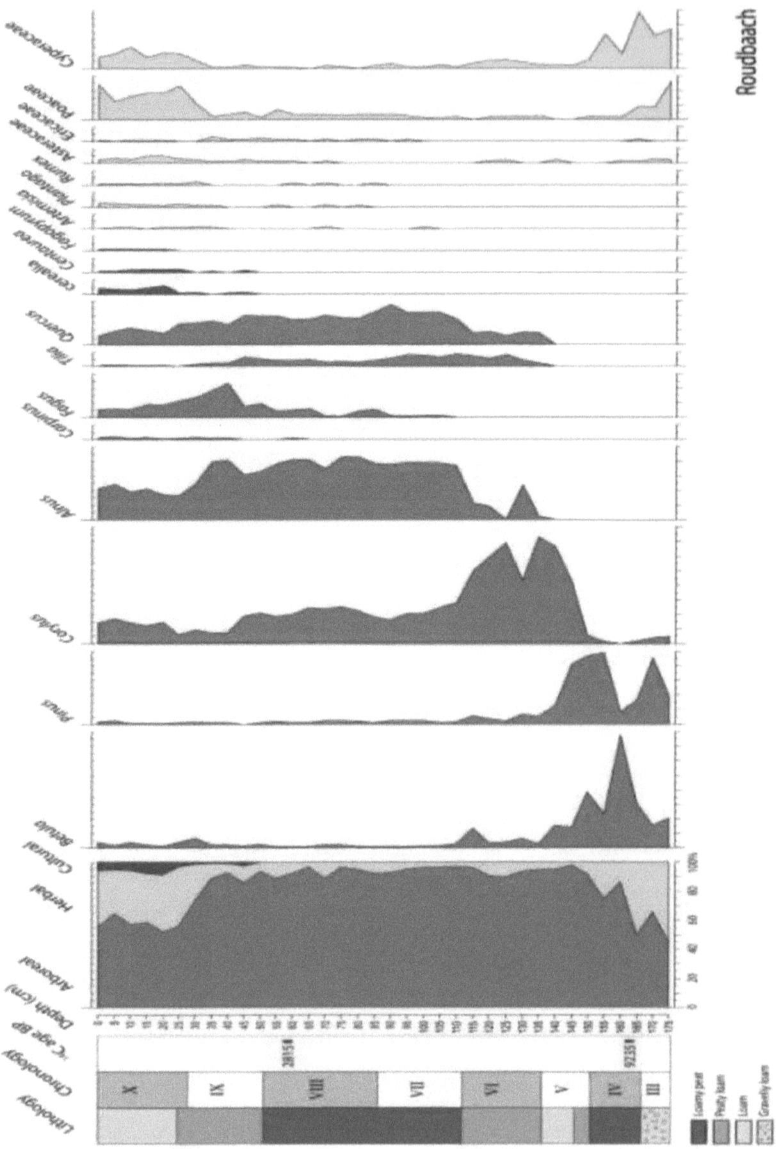

Figura 4. Diagrama polínico de Roudbaach (análise R.T. Slotboom). As datas de radiocarbono (BP) são indicadas na coluna Cronologia e especificadas na tabela 1 (publicada pela primeira vez em van Mourik e Slotboom, 2017).

O conteúdo polínico da camada de base argilosa e cascalhenta (Zona III) é afetado pela idade de infiltração do pólen pós-sedimentar (van Mourik, 2001) e, por isso, a idade palinológica desta camada é mais jovem do que a idade sedimentar. Por volta de 1980, a drenagem do vale foi melhorada com a construção de drenos subsuperficiais. A drenagem de depósitos de turfa promove a bio-oxidação e o rebaixamento da superfície terrestre, mas o perfil de turfa ainda está bem preservado.

O diagrama polínico (fig. 4) indica que a sedimentação teve início no Pré-boreal com a deposição de turfa argilosa (zona IV, caracterizada por elevadas percentagens de pólen não arbóreo) no subsolo de cascalho. No vale, uma vegetação húmida aberta (zona III, IV; Cyperaceae) foi gradualmente substituída por um Alnetum (zonas VI, VII, VIII).

A sequência da chegada das árvores aos arredores está bem registada*;* *Pinus* e *Betula* chegaram no Glaciar Final, *Corylus* no Boreal, *Quercus* e *Tilia* no Atlântico, *Fagus* e *Carpinus* no decurso do Subboreal. Na curva *de Fagus* deste diagrama, apenas o pico de *Fagus* romana (F1) é claramente expresso.

O registo polínico indica o início da desflorestação e o aparecimento de Cerealia no Subatlântico. A composição dos depósitos mudou de turfa argilosa para argila (turfosa). A chegada dos Romanos é expressa pelo início da desflorestação e pela extensão da agricultura (55-45 cm). A Idade Média, um período com temperaturas mais baixas, migrações em massa de pessoas e recuperação da floresta, é expressa na recuperação temporal do Alnetum (45-53 cm); no final da Idade Média, a floresta foi substituída por terras aráveis.

Este facto é igualmente expresso na composição litológica do perfil. Durante o Atlântico e o Subboreal, a turfa foi depositada com um baixo teor de argila. No Subatlântico, a fração clástica do sedimento aumentou: a argila turfosa foi depositada durante a zona IX e a argila húmica durante a zona X (van Mourik e Slotboom, 2017).

4.2. Diagrama de referência Dauwelsmuer (Histosol).

Figura 5. Dauwelsmuer. Acima: fotografia do carr de sabugueiro (maio de 2013), Abaixo: a localização da amostra (com Ruud Slotboom, outubro de 2014). A localização do carr de sabugueiro está indicada no fragmento de mapa Berdorf (fig. 11).

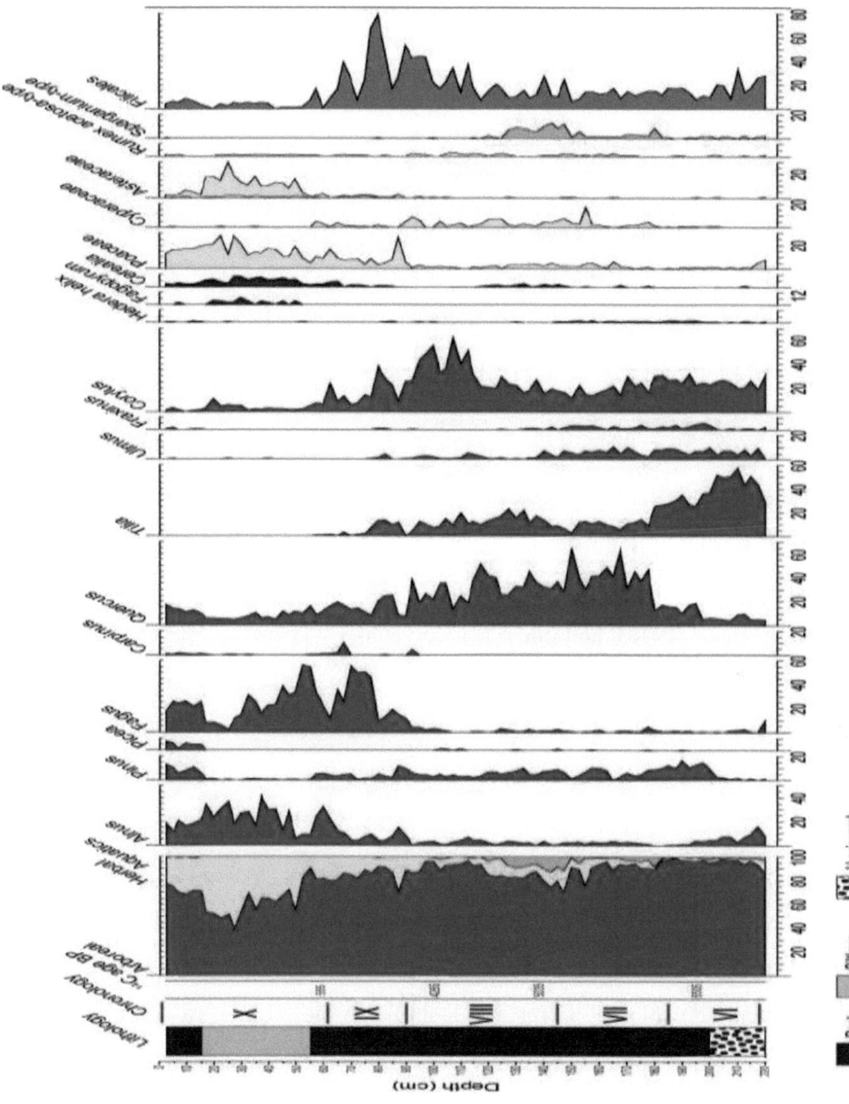

Figura 6. Diagrama polínico de Dauwelsmuer (análise M. Doorenbosch). [14]As datas C são indicadas na coluna[14] C idade BP e especificadas na tabela 2.

Tabela 2. Datas AMS^{14} C do perfil Dauwelsmuer.

Código GrA	profundidade da amostra	Material	^{14}Idade C (BP)	idade calibrada (1-sigma, *)
63108	057,5 cm	macro permanece	555 ± 30	1325-1345; 1395-1420 D.C.
33111	102,5 cm	macro permanece	4265 ± 35	2910-2880 A.C.
63110	140,0 cm	macro permanece	5035±35	3940-3860; 3815-3775 BC
63109	195,0 cm	macro permanece	6505 ± 40	5520-5385 BC
*) calibrado com OxCal versão 4.2.4.				

Dauwelsmuer (fig. 5) é um bosque de amieiros nos escombros de um deslizamento de terra numa escarpa de pedra arenosa, desenvolvida na encosta direita do rio Ernz Noire a sudoeste de Berdorf (49^0 48' 28" N / 6^0 19' 25" E; altitude 244 m). Estes deslizamentos de terras ocorreram no período glaciar tardio e pré-boreal, após o desaparecimento do permafrost (Lucius, 1948). Durante o fim do verão, este pântano está seco, o resto do ano está cheio de água com 10-50 cm. O solo é um Stagnosol hístico (argiloso), sobreposto a um Histosol sáprico. Os macro-resíduos orgânicos, concentrados a partir de quatro amostras de turfa, foram utilizados para a datação por radiocarbono (AMS) (quadro 4).

A camada mais antiga da sequência sedimentar do carr (fig. 6) é um horizonte mineral húmico, desenvolvido em areia média fina, depositado após o deslizamento de terras sobre detritos de arenito. Os espectros polínicos desta camada apontam para o desenvolvimento do solo sob floresta caducifólia. A bioturbação causou a infiltração de húmus e pólen até uma profundidade de 220 cm. Consequentemente, o conteúdo polínico infiltrado pós-sedimentar deste horizonte é mais jovem (zona VI, Atlântico) do que o sedimento arenoso (glaciar tardio/Prebóreo). Os espectros polínicos reflectem a presença de um Quercetum mixtum, uma expressão palinológica para a soma das espécies polínicas *Quercus, Tilia, Ulmus, Fraxinus* e *Acer* (Faegri & Iversen, 1989). *Alnus* e *Corylus* também estão presentes.

A segunda camada é constituída por turfa sáprica, acumulada durante o Atlântico, o

Subboreal e uma parte do Subatlântico (zonas VII-IX). O prefixo sapric indica um elevado grau de decomposição dos tecidos orgânicos, indicativo de um regime de lençóis freáticos variáveis durante as estações. A acumulação de turfa começou no Atlântico por volta de 5400 a.C. e parou por volta de 1360 d.C. no Subatlântico. O conteúdo polínico destes depósitos de turfa é sin-sedimentar e o tecido de turfa purificado é adequado para a datação por radiocarbono. Durante o Atlântico, os espectros polínicos eram dominados pelas espécies do Quercetum mixtum; as percentagens de espécies herbáceas são muito baixas. Durante o Subboreal, *o Alnus* expandiu-se. No início do Subatlântico, *Tilia* e *Ulmus* diminuíram, *Fagus* e *Carpinus* apareceram. A floresta transformou-se de um Quercetum mixtum num Fageto-Quercetum no Sub-boreal tardio. A curva *de Fagus* deste diagrama mostra os quatro picos, também observados nas Hautes Fagnes (Bélgica) por Persch (1950) e num estudo do desenvolvimento florestal nos Países Baixos orientais por Daniels (1964). O F1 ocorreu na época romana, o F2 pouco depois da migração em massa, o F3 antes e o F4 depois da Pequena Idade do Gelo. Os mínimos e máximos *de Fagus* estão correlacionados com as oscilações climáticas subatlânticas (Loehle, 2007). Além disso, o Subatlântico é caracterizado pela desflorestação (diminuição do pólen arbóreo, aumento do pólen herbáceo) e pela extensão da agricultura (aparecimento de indicadores de cultura Cerealia, *Secale* e *Fagopyrum).* O conteúdo polínico do depósito de turfa é, em contraste com o conteúdo polínico do solo arenoso subjacente, sin-sedimentar e a palinocronologia pode ser substanciada/confirmada/complementada por datas fiáveis de^{14} C.

A terceira camada é constituída por lama siltosa e foi depositada entre -550 BP e -200 BP. O aumento do pólen herbáceo (Poaceae, Asteraceae e indicadores culturais) aponta para a continuação da desflorestação e extensão da agricultura. Slotboom & van Mourik (2016) sugeriram um aumento da erosão do solo para este período, com valores máximos ocorrendo durante a Pequena Idade do Gelo. Os solos intemperizados em Strassen marls no planalto de Berdorf podem ser apontados como a fonte da argila, transportada pela erosão do solo para o mardel Dauwelsmuer. *O Fagopyrum* foi encontrado nos espectros desta camada de argila siltosa. *O Fagopyrum* apareceu na região depois de 1450 d.C. (Leenders, 1987).

A camada mais jovem é constituída por turfa saprófita. *Picea* apareceu e *Pinus* expandiu-se nos registos polínicos após 1800 d.C. devido a plantações florestais, iniciadas pela administração regional (Riezebos & Slotboom, 1974, 1978).

Capítulo 5. Palinologia de um solo florestal, desenvolvido sob Fageto-Quercetum em pedra marga desgastada.

Figura 7. Solo de floresta Brasert (sob Fageto-Quercetum). Alisol estagnado com forma de húmus Vermimul. A localização da fossa está indicada na imagem e no mapa do fragmento Brasert (fig. 22).

Os solos sob florestas caducifólias (fig. 7), desenvolveram-se em margas Strassen e Steinmergelkeuper. Foram classificados como Alisosls estagnados (Isric/Fao, 2006) com uma forma de húmus Vermimul (Green et al., 1993). O atual processo dominante no solo é a lixiviação lateral de argila por escoamento superficial e tubagem, desencadeada pela dispersão de excrementos de minhocas argilosas (Cammeraat, 2006; Cammeraat e Kooijman, 2009). As minhocas defecam na camada ectorgânica (fig. 8 acima), mas a argila dispersa pela precipitação é lixiviada através da camada de folhada para o topo do horizonte mineral Ah e será sujeita à erosão do solo (fig. 8 abaixo). Este processo resulta numa transição acentuada do tamanho do grão na fronteira entre o horizonte E e Bg do perfil. A maior parte da argila lixiviada chegará finalmente aos rios (após a chuva, podemos observar uma nuvem de lutum no fluxo de água do rio), mas uma pequena parte é apanhada nos mardéis.

O quadro 3 apresenta os resultados das análises granulométricas das amostras dos enchimentos de mardel e do horizonte Bg dos solos circundantes. Os valores de pH variam entre o ácido fraco e o neutro, as percentagens de carbono orgânico das amostras de solo são relativamente baixas (LOI ~ 2), das amostras de mardel são mais elevadas (LOI de 1,9 a 10,9).

As distribuições granulométricas mostram o aumento da fração argilosa da argila de mardel, em comparação com o horizonte Bg dos solos circundantes. As percentagens mais elevadas de argila foram encontradas nos preenchimentos sedimentares dos mardéis no Steinmergelkeuper.

Tabela 3. Análise granular de amostras de argila de mardelos (M: profundidade da amostra 5060 cm) e de solos (S: horizonte Bg, profundidade da amostra 50-60cm, 50 m a montante da bacia hidrográfica). Localização dos aglomerados de mardelos indicada na fig. 1.

	Margas de Srassen (Li3)						Steinmergelkeuper (Km3)					
Mardel	**Berdorf**		**Beaufort**		**Kalefeld**		**Seitert**		**Brasert**		**Biischtert**	
Amostra	S	M	Sl	M	Sl	M	S	M	S	M	S	M
pH (H_2 O)	5.2	5.6	7.1	4.7	7,4	5.3	5.6	4.9	6.5	4.4	6.7	7.5
LOI 375 C^0	2.1	4.9	2.4	4.6	3,6	5,2	1.9	9.6	2.0	10.9	1.9	3.8
Textura	%	%	%	%	%	%	%	%	%	%	%	%
2000 - 63μm	16.0	7.0	4.0	5.5	16.5	15.0	4.5	2.5	8.0	2.0	13.0	3.0
63 - 32μm	8.5	10.0	5.5	4.5	8.5	7.5	6.5	1.5	3.5	1.5	4.5	3.0
32 - 16μm	10.0	8.0	8.0	5.5	8.5	8.0	15.0	3.5	7.0	4.0	6.5	2.0
16 - 8μm	9.5	8.5	8.0	6.0	7.0	6.5	11.5	3.0	9.0	4.5	7.0	6.5
8 - 4μm	6.5	7.5	8.0	6.0	5.5	5.5	7.5	6.0	11.0	6.0	8.0	8.5
4 - 2μm	5.0	7.0	7.0	5.0	6.0	5.0	6.0	6.0	11.0	5.0	7.0	8.5
< 2μm	44.0	51.5	60.0	67.0	47.5	52.5	49.0	77.5	50.0	77.0	53.5	68.5

A infiltração e a conservação do pólen num perfil de solo é um processo complicado. O solo da floresta está sujeito a um afluxo regular (eólico) de grãos de pólen.

Figura 8. Acima: Excrementos frescos de minhoca na superfície do horizonte F do solo da floresta; Em baixo: Excrementos de minhoca envelhecidos após a chuva; aqui começa a lixiviação da argila dispersa.

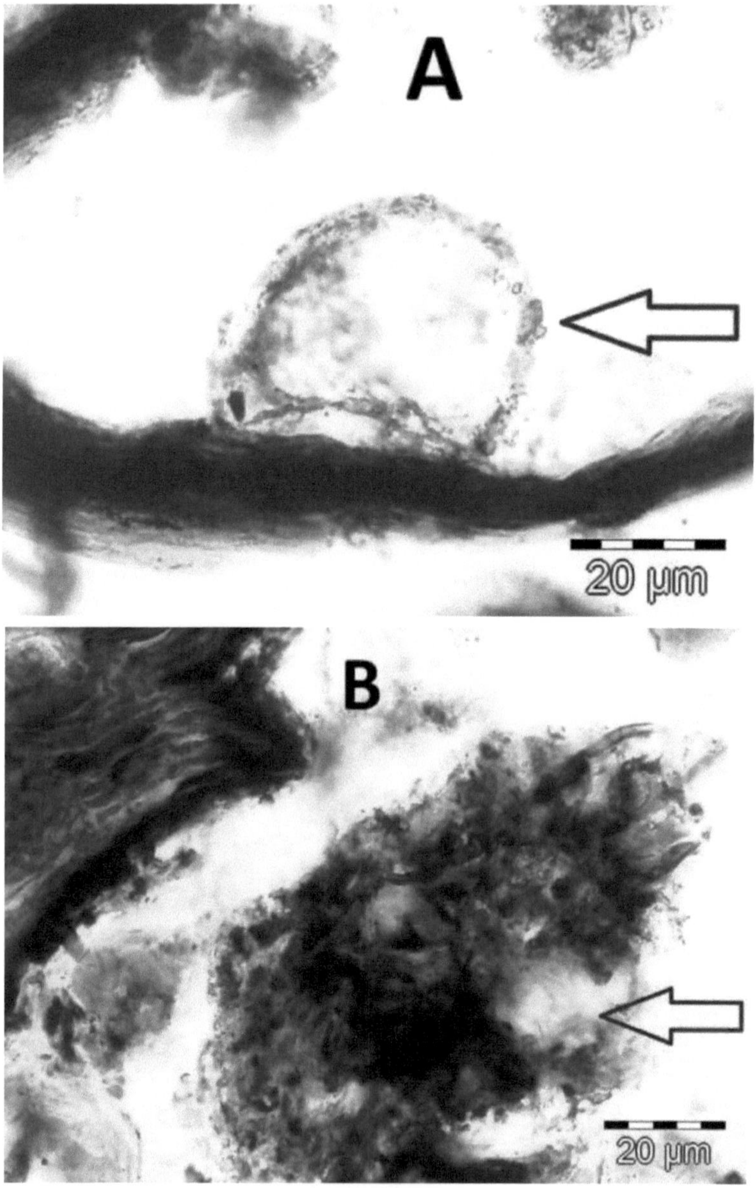

Figura 9. A: Grão de pólen (seta) embebido em fragmentos de folhada; B: Grão de pólen (seta) incorporado num excremento de minhoca (observado numa secção fina do horizonte F).

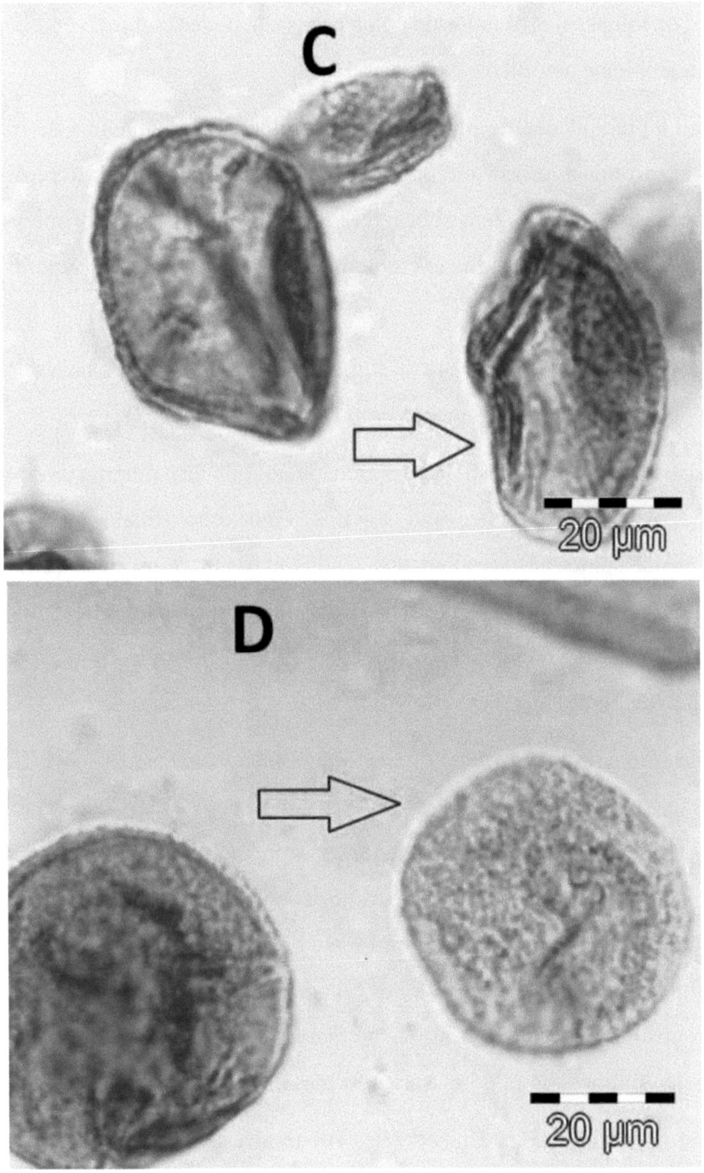

Figura 9. C: Grão de pólen com dano mecânico (seta); D: Grão de pólen com dano microbiano (seta) (observado numa lâmina de pólen do horizonte Ah do solo florestal Brasert).

Os grãos de pólen livres estão presentes na camada de folhada, embebidos em fragmentos de folhas, mas os grãos de pólen livres não podem sobreviver durante muito tempo num ambiente aeróbico e oxidam-se.

Uma parte da precipitação de pólen será consumida com fragmentos de folhada por minhocas e artrópodes e será incorporada e conservada nos seus excrementos (fig. 9ab). Os grãos de pólen podem sobreviver durante muito tempo no microambiente ácido e anaeróbio dos agregados excrementais (van Mourik, 2001; Kooijman et al., 2009).

A infiltração dos grãos de pólen no solo mineral é controlada pela bioturbação, sobretudo pela atividade das minhocas (van Mourik, 2001, 2003).

Durante a permanência à superfície e na camada de folhada e durante o transporte por bioturbação, os grãos de pólen são sujeitos a corrosão (Elsik, 1971); mecânica (perturbação da epiderme do pólen por fendas e fissuras), química (dissolução da epiderme por oxidação) e microbiana (dissolução da epiderme por consumo microbiano). Após vários ciclos de incorporação-libertação-reincorporação, tornam-se "indetermináveis" e desaparecem (fig. 9cd).

A erosão do solo é responsável pelo transporte descendente das partículas do solo. Os sedimentos capturados nos mardéis consistem em partículas clásticas, principalmente argila, mas também alguma matéria orgânica do solo, incluindo grãos de pólen. O fluxo terrestre concentra-se na fronteira entre os horizontes F e Ah e a matéria transportada a jusante tem origem no horizonte mineral e não no horizonte ectorgânico (Cammeraat, 2006; Cammeraat e Kooijman, 2009). Por esta razão, a idade radiocarbónica do húmus depositado nos mardéis é "mais antiga" do que a verdadeira idade do sedimento e os grãos de pólen foram submetidos a várias formas de corrosão (Elsik, 1971).

O diagrama de solo florestal Brasert (fig. 10) mostra as caraterísticas de um perfil polínico que se desenvolve num solo neutro a fracamente ácido sob floresta caducifólia.

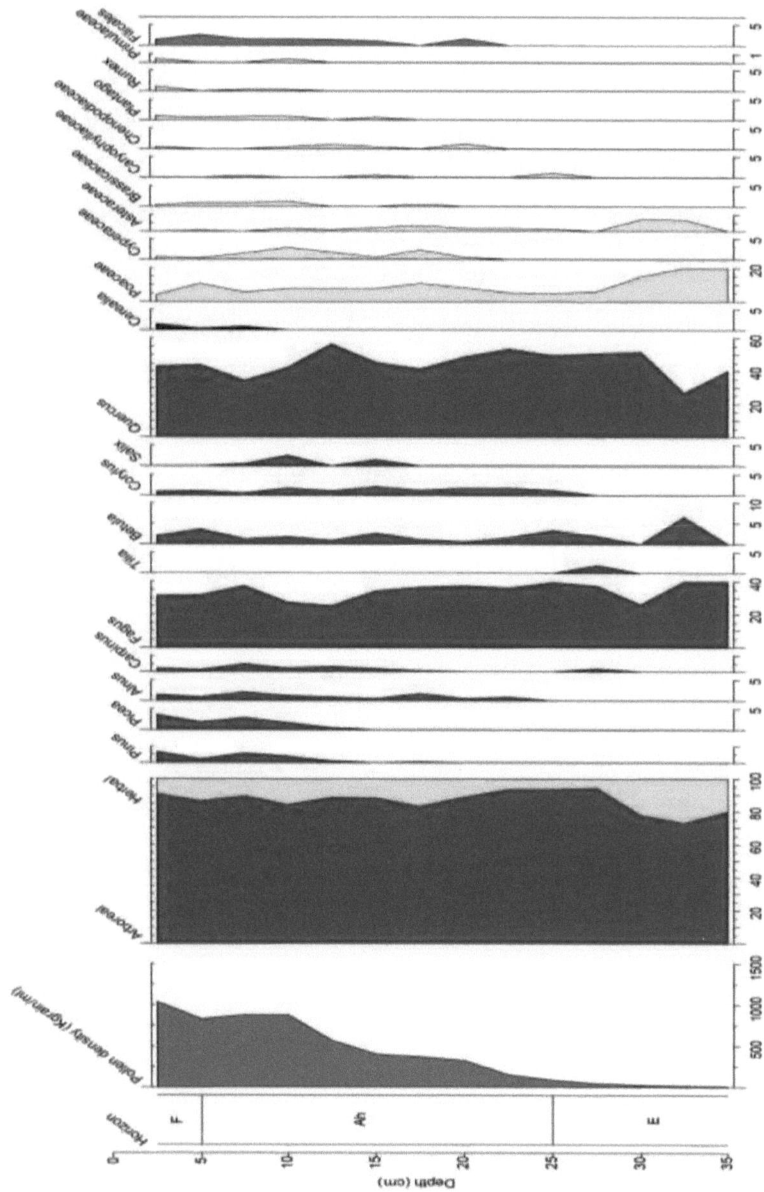

Figura 10. Diagrama polínico do solo florestal Brasert (a localização do perfil amostrado está indicada na imagem do mardel Brasert, fig. 22).

As densidades polínicas nos horizontes F e no topo do Ah (2,5-12,5) são elevadas, seguidas de um declínio acentuado na parte inferior do Ah (15-25 cm). As densidades polínicas no topo do horizonte E são muito baixas, abaixo dos 35 cm a amostra era palinologicamente estéril.

Os grãos de pólen extraídos do horizonte F (2,5-5 cm) estavam pouco corroídos, do topo do Ah (7,5-12,5 cm) moderadamente corroídos e da parte mais profunda do perfil os grãos de pólen estavam severamente corroídos ou mesmo indetermináveis.

A zonação polínica não é observável. Todos os espectros são dominados pelas espécies do género Fageto-Quercetum. As percentagens de pólen de ervas são baixas. Os grãos de Cerealia só são observados nos espectros de 2,5 e 7,5 cm. Os grãos de espécies (sub) aquáticas estão ausentes nos espectros do solo florestal.

Uma observação importante para a reconstrução da génese dos mardéis é a presença ou ausência de (uma relíquia de) um solo florestal, enterrado por sedimentos de mardéis. Nos perfis de sondagem e nos diagramas dos seis enchimentos de mardel investigados não foram observadas relíquias de um solo florestal.

Capítulo 6. Diagramas de recheios de mardel nos mármores de Strassen.

Uma observação importante no inventário de Schmalen (2002) foi a ocorrência de mardéis nas margas de Strassen. Em contraste com os mardéis anteriormente investigados no Steinmergelkeuper, a solução de veios e lentes solúveis subsuperficiais, seguida de subsidência do solo, não pode ser a explicação para a génese destes mardéis.

Slotboom e van Mourik recolheram amostras dos recheios sedimentares dos mardéis Berdorf e Beaufort para investigação adicional (publicado por Slotboom e van Mourik, 2015). Foi dada atenção à curva de densidade polínica. O enchimento do mardel Beaufort começou com uma acumulação de turfa pouco profunda, o que constituiu uma boa oportunidade para recolher amostras para datação adicional por radiocarbono. Não foram encontrados depósitos de turfa noutros mardéis dos conjuntos investigados nas margas Strassen e Steinmergelkeuper.

Para este estudo, voltámos a amostrar o mardel Kalefeld, anteriormente investigado por Poeteray et al., 1984. Nessa altura, consideraram o Kalefeld como um mardel desenvolvido no Keuper, uma suposição que se revelou incorrecta.

6.1. Diagrama mardel Berdorf.

Mardel Berdorf (fig. 11, esquema fig. 12) situa-se no Laangebesch (49^0 48 ' 58" N / 6^0 20' 22" E; altitude 363 m), 400 m a oeste do bordo da incisão do vale do Schwarze Ernz (Mullerthal). Faz parte de um conjunto de pedreiras. O solo atual é um Regosol coluvial gleyico, desenvolvido num enchimento sedimentar de 76 cm de profundidade, depositado no chão de uma escavação histórica (margas calcárias Strassen intemperizadas). Em solos coluviais pouco profundos, a bioturbação (em particular a atividade das minhocas) é responsável pelo desaparecimento da estratificação sedimentar e da zonação polínica claras, mas os marcadores palinológicos do tempo permanecem reconhecíveis (van Mourik, 2001, 2003).

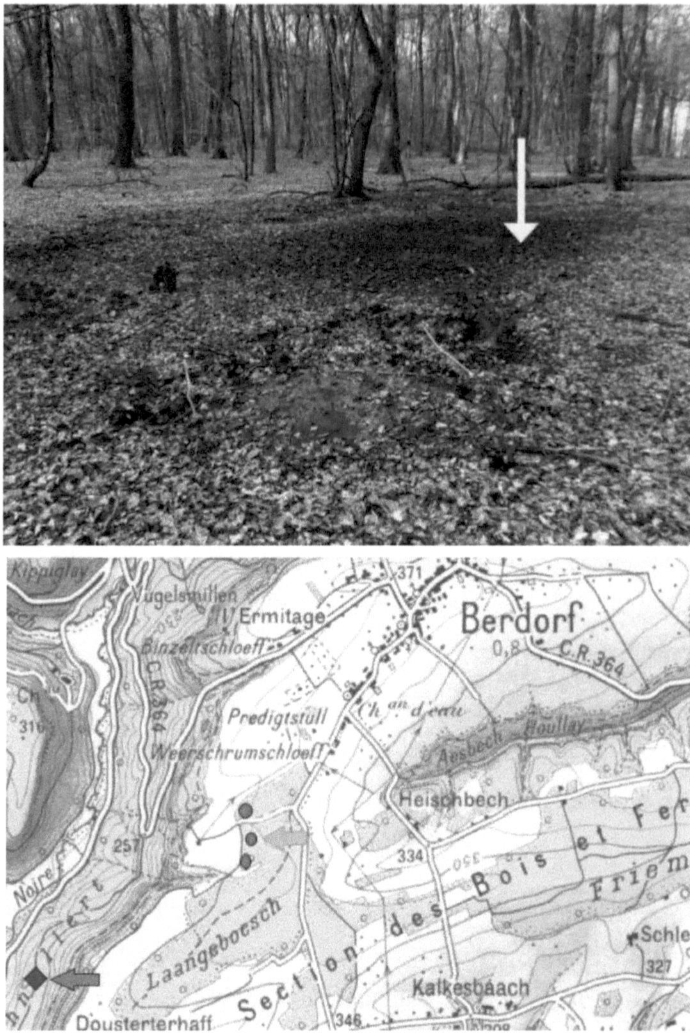

Figura 11. Mardel Berdorf. Em cima: Imagem do mardel sob Fageto- Quercetum (amostrado em outubro de 2013); local de amostragem indicado com a seta. Em baixo: Fragmento do mapa topográfico 1:50.000 (Echnternach, 1955) com o aglomerado de mardel no Laangebusch. A localização do mardel amostrado é indicada com a seta azul, a localização de Dauwelsmuer com a seta vermelha.

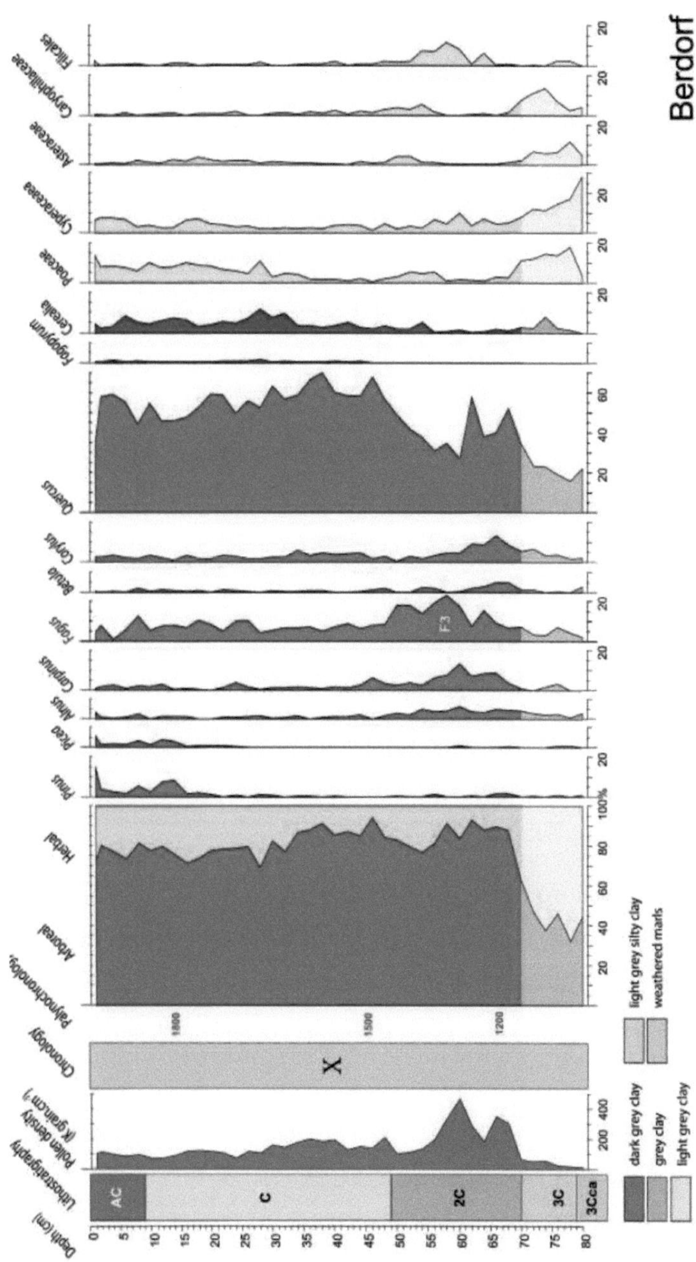

Figura 12. Diagrama polínico de Berdorf (análise R.T. Slotboom e J.M. van Mourik). Publicado pela primeira vez em Slotboom e van Mourik (2015).

A curva da densidade polínica mostra uma diminuição drástica entre 76 e 80 cm (as densidades polínicas são muito baixas e as somas polínicas destes espectros são < 150). Esta camada pode ser considerada como a camada inferior da pedreira, onde alguns grãos de pólen (a maior parte deles pouco corroídos) poderiam infiltrar-se. Após a escavação, as espécies pioneiras poderiam invadir: pontuações elevadas de Cyperaceae e Poaceae de 78 a 68 cm, um pico de Caryophyllaceae (tipo *Gypsophila)* de 74 e 70 cm e um pico de Filicales de 64 a 54 cm apontam para um ambiente local húmido durante a primeira fase de deposição.

O diagrama polínico dos depósitos coluviais de mardelos é dominado pelas espécies do tipo florestal atual (Fageto-Quercetum). Alguns marcadores temporais palinológicos permitem datar os sedimentos. O F3 (pontuações elevadas de *Fagus* e *Carpinus* ≈1200-1300 AD) é reconhecível de 68 a 56 cm; *Fagopyrum* (aparece por volta de 1450 AD na região) ocorre a partir de 44 cm; o aumento de *Pinus* e *Picea* (desde 1800 AD) é visível a partir de 16 cm.

Com base na palinocronologia, a acumulação de coluvião começou antes de 1200 d.C. A taxa média de sedimentação é relativamente baixa (durante a deposição do 2C ≈ 6 cm/século, o C ≈ 10cm/século), em consonância com o baixo gradiente de inclinação (< 2%) do Planalto de Berdorf.

6.2. Diagrama Beaufort.

O Mardel Beaufort (fig. 13, esquema fig. 14) situa-se no Scheiwelterboesch (49^0 49' 59" N / 6^0 16' 52" E; altitude 379 m), a sudoeste de Beaufort, em Fageto-Quercetum. Tal como Berdorf, pertence à gama de mardelos em pedreiras, situados paralelamente ao limite da floresta.

Após a escavação (não foram encontrados vestígios de solos florestais enterrados), o enchimento sedimentar começou com a acumulação de uma camada de turfa pouco profunda (Histossolo inicial) no chão da pedreira abandonada.

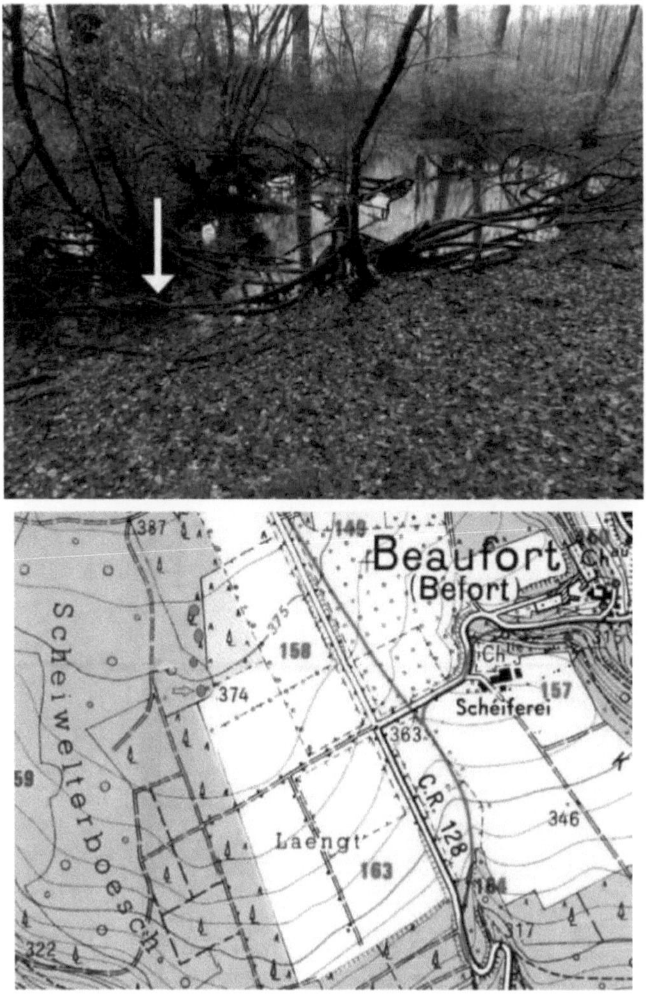

Figura 13. Mardel Beaufort. Em cima: Fotografia do mardel (amostrado em maio de 2013) com a localização da amostra (seta branca). Em baixo: Fragmento do mapa topográfico 1:20.000 (Larochette, 1980) com o aglomerado de mardel no Scheiwelterboesch; o mardel amostrado indicado com a seta azul.

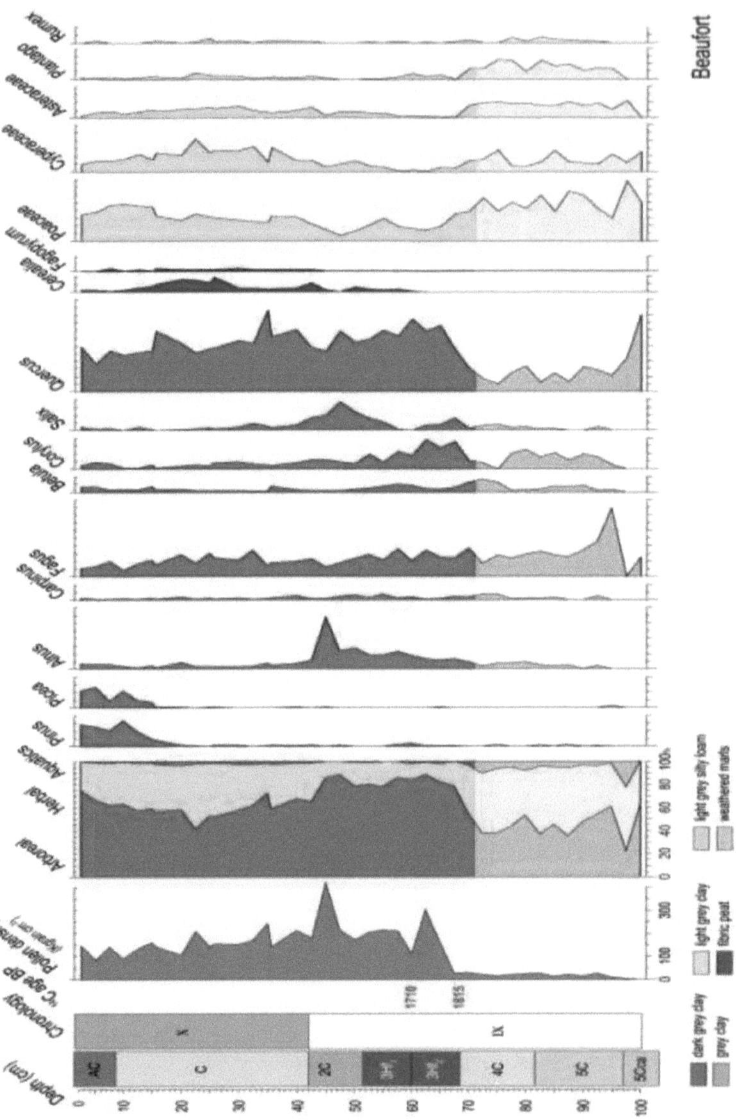

Figura 14. Diagrama polínico de Beaufort (análise R.T.Slot'boom e J.M. van Mourik). As datas de radiocarbono são especificadas na tabela 3. Publicado pela primeira vez em Slotboom e van Mourik (2015).

Tabela 4. Datas de radiocarbono AMS do perfil Beaufort.				
Código GrA	profundidade da amostra	Material	^{14}Idade C (BP)	idade calibrada (1-sigma, *)
58611	60 cm	fragmentos de folhas	1710±30	270-370 D.C.
58612	65 cm	Tecido de *Dreplanocladus*	1760±35	230-310 D.C.
58613	68 cm	fragmentos de folhas	1815±30	148-228 D.C.
				*) calibrado com OxCal versão 4.2.4.

A turfa é constituída por *tecido de Dreplanocladus* acumulado, embebido em fragmentos de folhas de *Fagus* e *Quercus*. Este facto ofereceu a possibilidade única de datar por radiocarbono a base de um enchimento de mardel. *Utilizámos fragmentos de folhas* das amostras de 60 e 68 cm de profundidade e tecido de *Dreplanocladus* da amostra de 65 cm de profundidade para uma datação fiável por radiocarbono (AMS).

O diagrama polínico (fig. 14) mostra a sequência dos materiais: (1) os horizontes do fundo do vale abandonado: horizontes 4C, 5C e 5Cca; (2) o Histossolo inicial: horizonte 3H; (3) as camadas coluviais: horizontes C e 2C. A discordância entre o fundo da pedreira e o enchimento sedimentar reflecte-se no declínio abrupto da densidade polínica.

A parte inferior do diagrama polínico (horizontes 4C, 5C, 5Cca) é caracterizada por densidades polínicas muito baixas. As percentagens baseiam-se em somas de pólen < 50 (excluindo os grãos de pólen exóticos) e, por conseguinte, são menos significativas. A ocorrência de grãos de pólen de aquáticos deve ser assinalada (soma das pontuações acidentais de *Myriophyllum, Typha, Menyanthes, Potamogeton* e *Thalictrum).*

As densidades polínicas no horizonte 4C são muito baixas. Esta camada é constituída por argila cinzenta e não é um horizonte do enchimento coluvial do mardel, mas muito provavelmente o leito residual argiloso húmido no fundo da escavação. A presença de grãos de plantas aquáticas aponta para condições de zona húmida no fundo da pedreira.

Alguns grãos de pólen infiltraram-se, muito provavelmente através de canais radiculares, no 5C (argila siltosa cinzenta clara com manchas rosa-claro e azul-claro, herdadas das margas degradadas) e no 5Cca (margas Strassen degradadas).

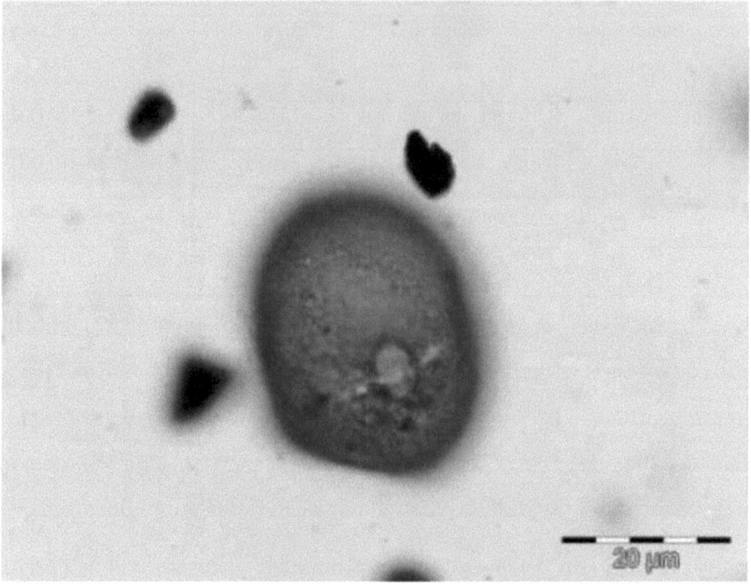

Figura 15. Perfil de Beaufort, lâmina polínica de 90 cm; grão de Fagus, pouco corroído.

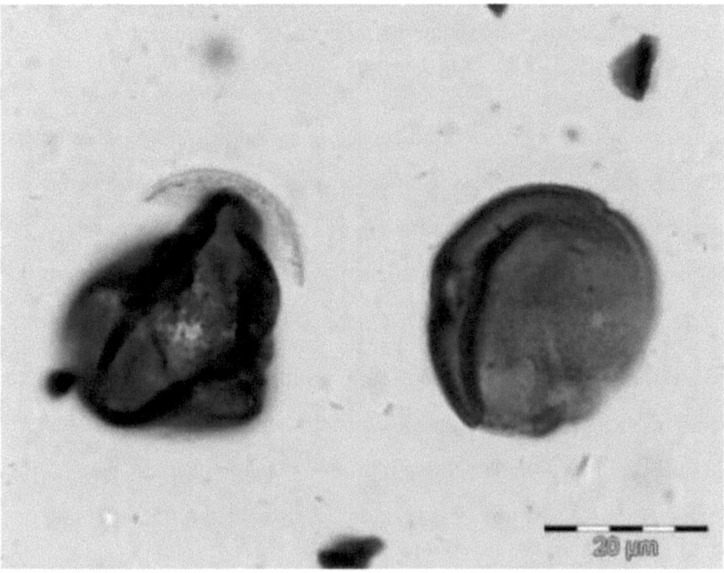

Figura 16. Perfil Beaufort, lâmina de pólen de 50 cm; grãos de Fagus com corrosão grave e moderada.

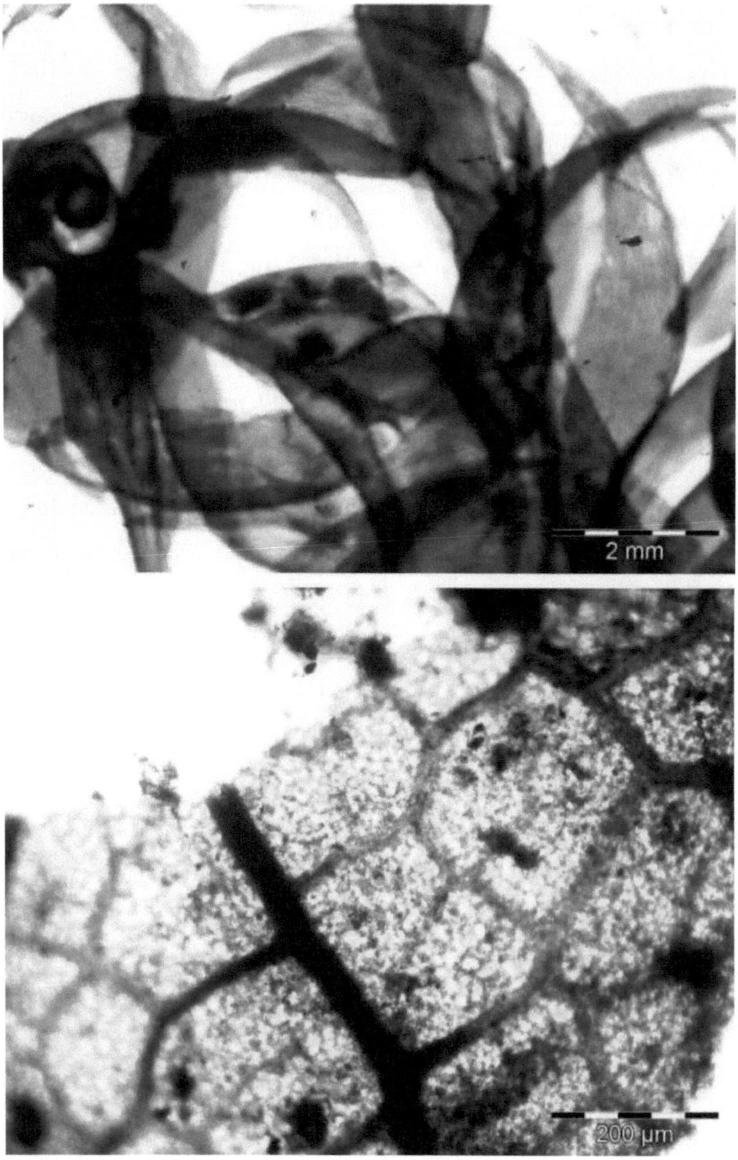

Figura 17. Materiais, utilizados para a datação por radiocarbono AMS do Histossolo inicial no perfil Beaufort. Em cima: tecido de Dreplanocladus (amostra 65 cm); em baixo: fragmentos de folhas (amostra 60 cm).

Os grãos de pólen nestes horizontes não estão danificados por qualquer forma de corrosão, em contraste com os grãos nos horizontes 2C e C do enchimento coluvial (fig. 15, 16), o que confirma a hipótese de que estes grãos de pólen não são relíquias de um solo colapsado (floresta) mais antigo, mas que se infiltraram pouco depois da escavação. O enterramento pelo Histossolo inicial (3Hf) protegeu estes grãos de pólen contra a corrosão.

A acumulação de turfa *de Dreplanocladus* ($3Hf_{1,2}$) começou por volta de 1800 BP. O $3Hf_2$ consiste em tecidos vegetais laminados puros (fig. 17), o $3Hf_1$ consiste em turfa argilosa laminada. O horizonte 2C é constituído por argila cinzenta e reflecte o aumento da erosão do solo nas imediações durante a época romana tardia. A época romana é palinologicamente muito pouco expressa na curva de *Fagus*. Também a desflorestação romana é pouco reflectida.

Os espectros polínicos do horizonte 2C mostram pontuações elevadas de *Alnus* e *Salix,* apontando para árvores estabilizadoras em torno do mardel, e altas densidades polínicas, apontando para uma baixa taxa de sedimentação. A Idade Média não está claramente reflectida neste diagrama. Provavelmente, a erosão do solo nas imediações foi mínima durante um período de recuperação temporal da floresta, tal como referido em estudos de perfis na Alemanha (Zolitschka, 2003). A localização deste mardel, muito próximo da bacia hidrográfica, é provavelmente responsável por uma taxa de desnudação muito baixa sob a floresta durante a Idade Média. O afundamento nos Cereais a 42,5 cm é provavelmente causado pela diminuição da produção agrícola durante a epidemia de pragas por volta de 1350 d.C. (Slicher van Bath, 1960).

O horizonte C é constituído por argila cinzenta e os espectros polínicos mostram a desflorestação e a extensão da Cerealia. A 40 cm aparece *Fagopyrum* ($\approx$ 1450 AD). As densidades polínicas são mais baixas em comparação com o horizonte 2C, o que aponta para uma taxa de sedimentação mais elevada durante a Pequena Idade do Gelo. O aparecimento de *Picea* e o aumento de *Pinus* reflectem as reflorestações desde 1800 d.C.

6.3. Diagrama Kalefeld.

O Mardel Kalefeld (fig. 18, diagrama fig. 19) está situado em Oustert/Kalefeld (49^0 48 ' 38" N / 6^0 14 ' 40" E; altitude 384 m) nas margas de Strassen, numa pastagem com um declive suave (3%) junto à bacia hidrográfica local. A pastagem de Kalefeld já estava indicada no mapa de Ferraris (cerca de 1775 d.C.) e situa-se a leste, adjacente à floresta de Oustert, onde ocorrem vários mardéis de origem antropogénica.

É problemático estimar a idade da escavação de Kalefeld. Com base na palinocronologia (particularmente a expressão do F3), a sedimentação de coluviões húmicos argilosos cinzentos começou depois de 800 d.C.

O aparecimento de *Fagopyrum* a 50 cm de profundidade é um marcador temporal útil ("1450 AD). Entre 50 e 35 cm de profundidade, o carácter dos depósitos coluviais mudou de argila siltosa cinzenta húmica para argila siltosa cinzenta clara, indicando um menor teor de húmus. Isto reflecte provavelmente a erosão acelerada do solo devido à extensão das terras aráveis (em detrimento das pastagens) durante a Pequena Idade do Gelo (Slotboom e van Mourik, 2015).

Após um período relativamente curto, dominado pela utilização de terras aráveis (Cerealia e *Fagopyrum),* a pastagem recuperou novamente (Poaceae) e a cor do depósito coluvial mais jovem é novamente cinzenta. A partir de 20 cm de profundidade, as percentagens de *Pinus* aumentam, aparecendo *Picea* a uma profundidade de 10 cm. Esta parte da camada coluvial mais jovem deve ter sido depositada depois de 1800 d.C.

Figura 18. Mardel Kalefeld. Esquerda: Imagem do mardel amostrado (outubro de 2014, localização da amostra indicada com a seta branca). À direita: Fragmento da Carte archéologique du Grand-Duché de Luxembourg (1:20.000), Feuille 12, Larochette (legenda: Folmer e Krier, 1980) com o conjunto de mardel Kalefeld/Oustert; a localização do mardel amostrado está indicada com a seta azul, a localização dos achados do fragmento da lavra romana com a seta vermelha.

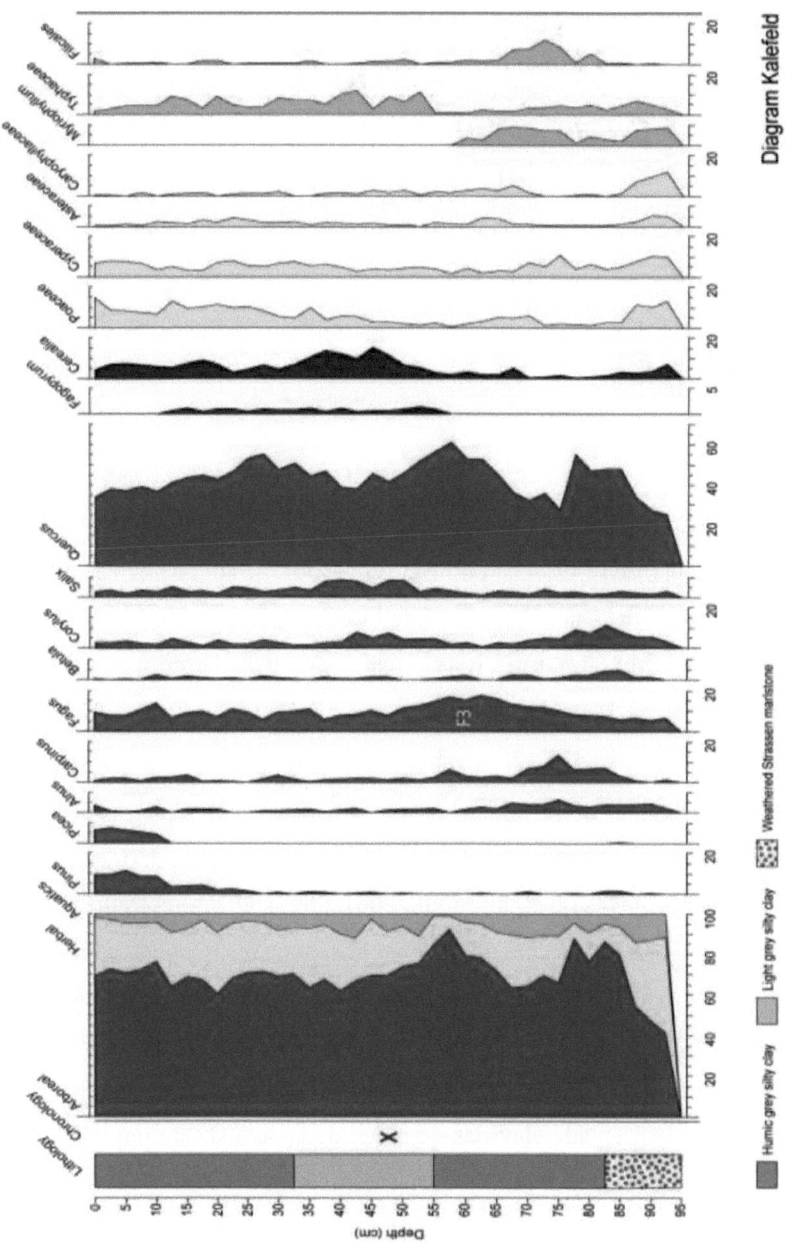

Figura 19. Diagrama polínico de Kalefeld (análise de F.A. Poeteray, R.T. Slotboom e J.M. van Mourik). De acordo com Poeteray et al., 1984.

Capítulo 7. Diagramas dos mardéis do Steinmergelkeuper.

A composição do conteúdo polínico dos núcleos de mardel é complexa. No paleossolo truncado (chão da pedreira), os grãos de pólen (baixas concentrações de pólen) podiam infiltrar-se, principalmente nos buracos das raízes. É notável o facto de estes grãos estarem pouco corroídos. Nos depósitos coluviais, o conteúdo polínico é uma mistura do influxo regular de pólen (sin-sedimentar) e do pólen (corroído) presente na carga sedimentar, fornecido por processos de declive (van Mourik, 2001, 2003). A datação de tais núcleos deve basear-se na palinocronologia (datada por radiocarbono), fornecida pelos diagramas de referência.

7.1. Mardel Seitert.

O Mardel Seitert (fig. 20, diagrama polínico fig. 21) está situado na floresta de Seitert, a oeste de Medernach (49^0 49 ' 06" N / 6^0 11' 75" E; altitude 324 m). O solo no enchimento do mardel é um Stagnosol (argiloso, colúvico), o solo à volta do mardel é um Alisol estagnado (argiloso), desenvolvido numa cobertura regolítica de margas Keuper intemperizadas de 130 cm.

A zona mais antiga (2C/2Cca) é a parte inferior do sol truncado (paleo), desenvolvido na cobertura regolítica do Steinmergelkeuper. As densidades polínicas nesta parte do perfil são baixas e mostram uma diminuição acentuada para baixo, caraterística da infiltração de pólen no solo (van Mourik, 2001, 2003). O 2C é constituído por argila cinzenta clara com manchas cinzentas rosadas, o 2Cca é constituído por Steinmergelkeuper arenoso e intemperizado. Os grãos de pólen infiltrados não estão corroídos ou estão apenas ligeiramente corroídos, estando muito bem preservados sob as camadas coluviais. Os espectros polínicos reflectem o Fageto-Quercetum. As percentagens relativamente elevadas de pólen de ervas indicam um local aberto na floresta. É notável a presença de pólen das espécies (semi)aquáticas *Callitriche* e *Sagina*.

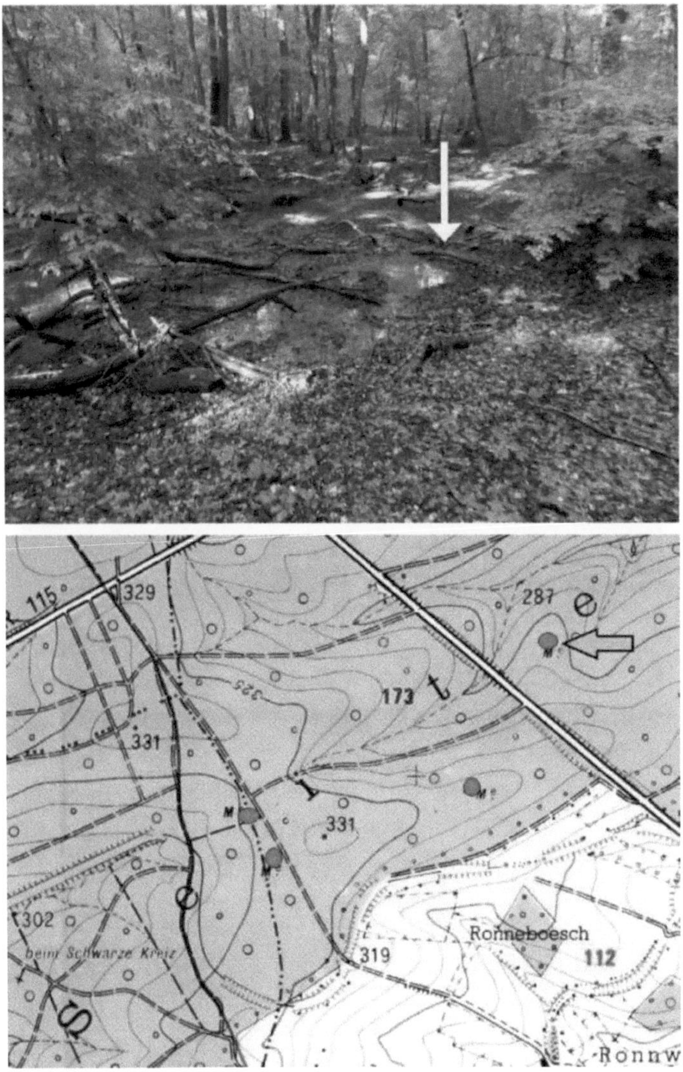

Figura 20. Mardel Seitert. Em cima: Fotografia (setembro de 2013), localização da amostra indicada com a seta branca). Em baixo: Fragmento do mapa topográfico 1:20.000 (La Rochette, 1980) com o aglomerado de mardel na floresta de Seitert; o mardel selecionado é indicado com a seta azul).

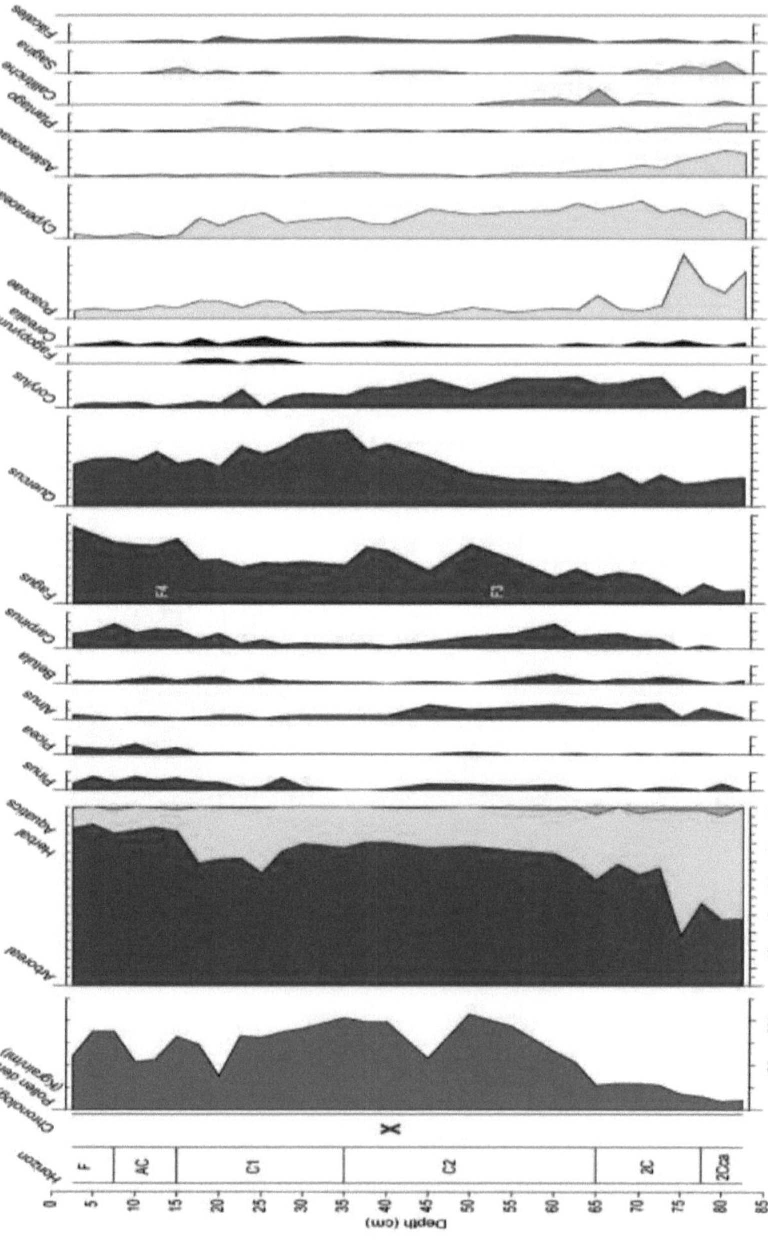

Figura 21. Diagrama polínico de Seitert (análise de J.M. van Mourik e R.T. Slotboom).

Estas plantas não ocorrem nos solos florestais drenados da zona envolvente e indicam condições húmidas a molhadas no momento da infiltração.

O horizonte C2, argila cinzenta clara, é a camada de base do enchimento coluvial. Uma parte dos grãos de pólen está pouco corroída (pólen sin-sedimentar), uma parte está severamente corroída (pólen originário do solo superficial erodido nos arredores). O pólen de *Callitriche* ainda está presente, o que aponta para condições húmidas na altura da deposição. As espécies de pólen herbáceo diminuem, as espécies arbóreas aumentam, indicando a recuperação da floresta. O pico F3 *de Fagus* é reconhecível, indicando que a sedimentação coluvial começou antes de 1200 d.C. e continuou até ≈1500 d.C.

O horizonte C1, argila cinzenta, é uma camada coluvial, depositada desde ≈1500 d.C. O aparecimento *de Fagopyrum* e a extensão de Cerealia são claramente expressos. No horizonte AC (argila cinzenta escura), o aparecimento de *Picea* reflecte as plantações florestais após 1800 d.C.

7.2. Diagrama Brasert.

O mardel de Brasert (fig. 22, diagrama fig. 23) está situado na floresta de Brasert (49^0 49' 42" N / 6^0 08' 48" E; altitude 356 m) no Steinmergelkeuper (km^3) sob Fageto-Quercetum. À semelhança do mardel Seitert, o solo no enchimento do mardel é um Stagnosol (argiloso, colúvico), o solo em redor do mardel é um Alisol estagnado (argiloso), desenvolvido na cobertura regolítica de margas Keuper intemperizadas.

Em estudos anteriores dos mardéis na floresta de Brasert (Poeteray et al., 1984; Slotboom & van Mourik, 2015) foi estabelecida uma diferença de 150-250 cm entre o nível da frente de meteorização no Keuper calcário dentro e fora dos mardéis. Esta diferença pode ser explicada pela subsidência da superfície após a dissolução das lentes de gesso. A espessura da maioria das lentes e veios de gesso que ocorrem no Steinmergelkeuper varia entre 0,5 e 3 m (Lucius, 1948). A subsidência observada é uma indicação da génese natural de mardel no Steinmergelkeuper.

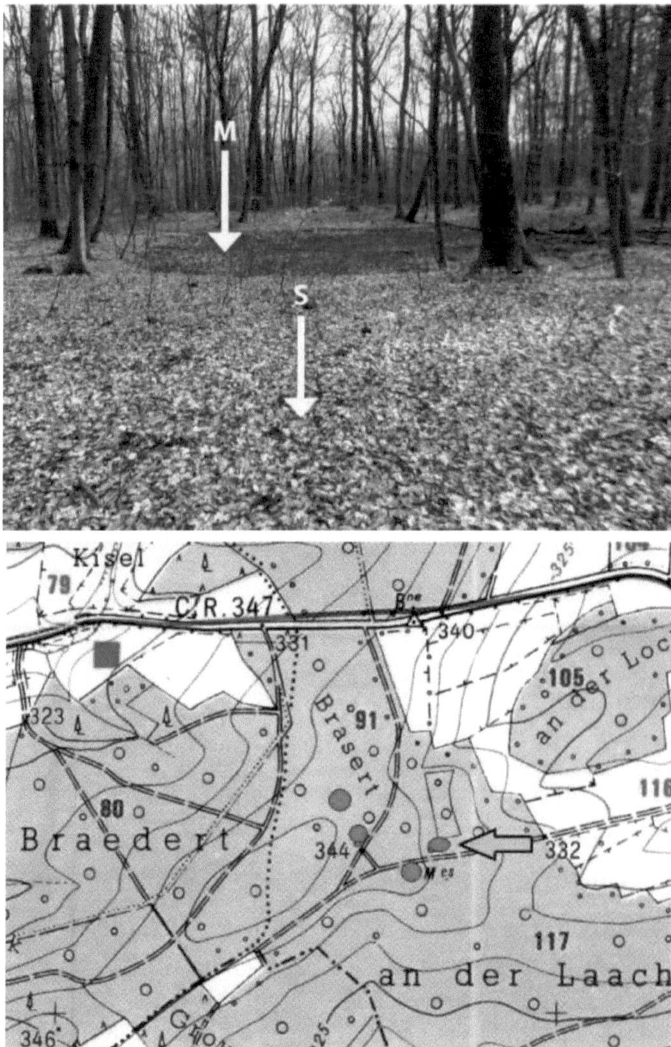

Figura 22. Mardel Brasert. Em cima: fotografia (outubro de 2013, localização da amostra mardel indicada com a seta-M e solo florestal com a seta-S). Em baixo: Fragmento do mapa topográfico 1: 20.000 (Larochette, 1980) com o aglomerado de mardel na floresta Brasert (o mardel amostrado é indicado com a seta azul).

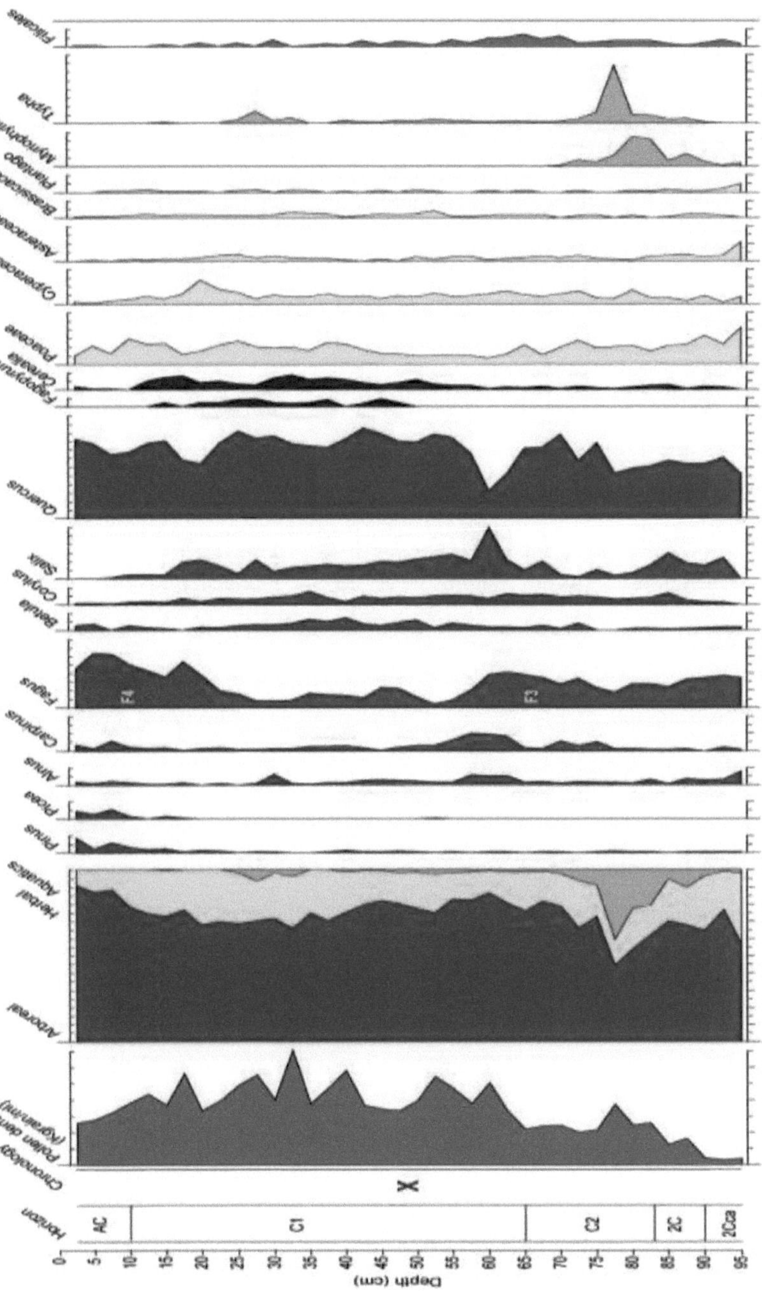

Figura 23. Diagrama polínico de Brasert (análise R.T. Slotboom).

O zonamento do diagrama polínico Brasert (fig. 6) é bastante semelhante ao diagrama

Seitert. Os leitos coluviais foram depositados numa superfície truncada com um leito residual (2Cca, 2C) nas margas de Keuper intemperizadas, nas quais o pólen se tinha infiltrado. Podem ser observadas percentagens relativamente elevadas de pólen herbáceo e (sub)aquático (neste diagrama *Myriophyllum* e *Typha.)*. A expressão ténue de F3 indica que a sedimentação coluvial da camada (C2, argila cinzenta) começou antes de 1200 d.C. e continuou até -1500 d.C. Os espectros polínicos desta camada reflectem a recuperação local da floresta. A camada coluvial superior (C1) foi depositada a partir de -1500 d.C., tendo em conta o reflexo palinológico do aparecimento de *Fagopyrum,* a extensão de Cerealia e as plantações *de Picea.*

7.3. Diagrama Biischtert.

O Mardel Biischtert (fig. 24, diagrama fig. 25) está localizado na floresta "Biischtert", a leste de Michelbouch (49^{0} 48' 58" N / 6^{0} 01' 55" E; altitude 357 m). No enchimento do mardel foi descoberto um Stagnosol (argiloso, colúvico) e nos arredores florestais um Alisol estagnado (argiloso). A zonação do diagrama é novamente bastante semelhante aos diagramas de Seitert e Brasert. Duas diferenças podem ser notadas: a distinção sedimentar de três em vez de duas camadas coluviais e a presença de uma forma de húmus Vermimul bem desenvolvida (F-AC) na camada mais jovem.

A camada de base (2C, argila siltosa cinzenta clara com manchas cinzentas rosadas) é o topo do paleossolo truncado, com pólen infiltrado, reflectindo um ambiente aberto húmido a molhado. Neste local, não foi possível atingir o horizonte 2Cca com o trado.

É difícil reconhecer neste diagrama picos claros na curva de *Fagus*. Provavelmente vemos uma fraca expressão da F2. Isto indica que as camadas coluviais mais antigas (C3, argila cinzenta clara e C2, argila cinzenta) foram depositadas após a época romana, entre ≈ 800 e ≈ 1500 d.C.

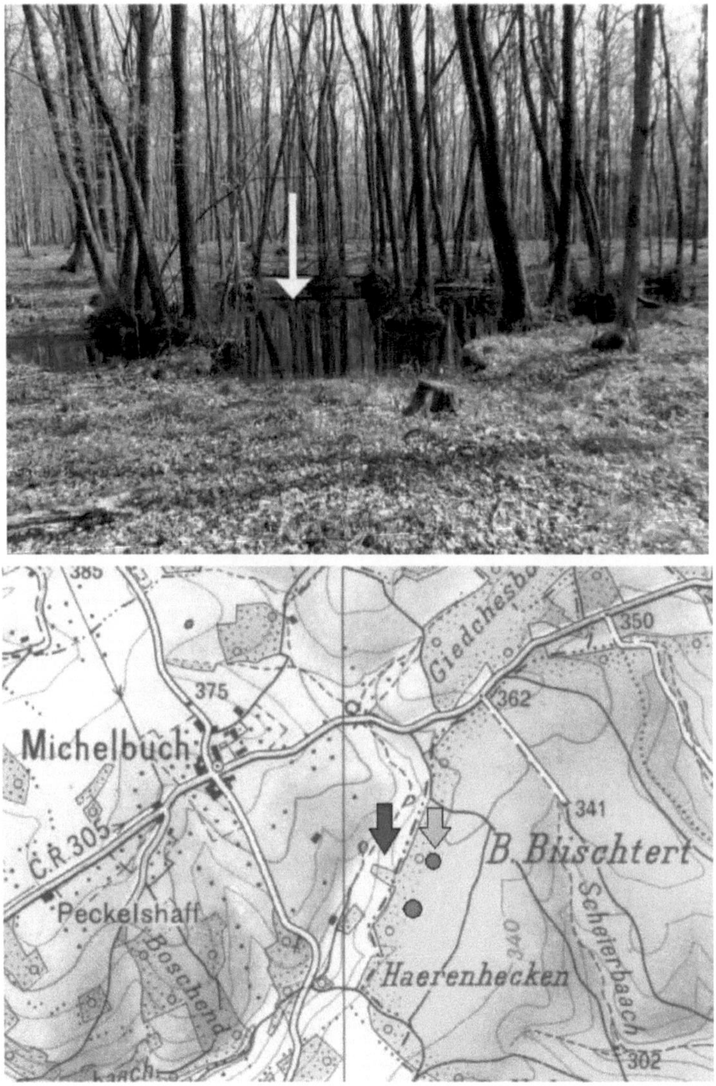

Figura 24. Acima: Imagem de mardel Büschtert (amostrado em maio de 2015, localização da amostra mardel indicada com a seta branca). Em baixo: Fragmento do mapa topográfico 1:50.000 (Redange, 1955) com o aglomerado de mardel na floresta de Büschtert (o mardel amostrado é indicado com a seta vermelha).

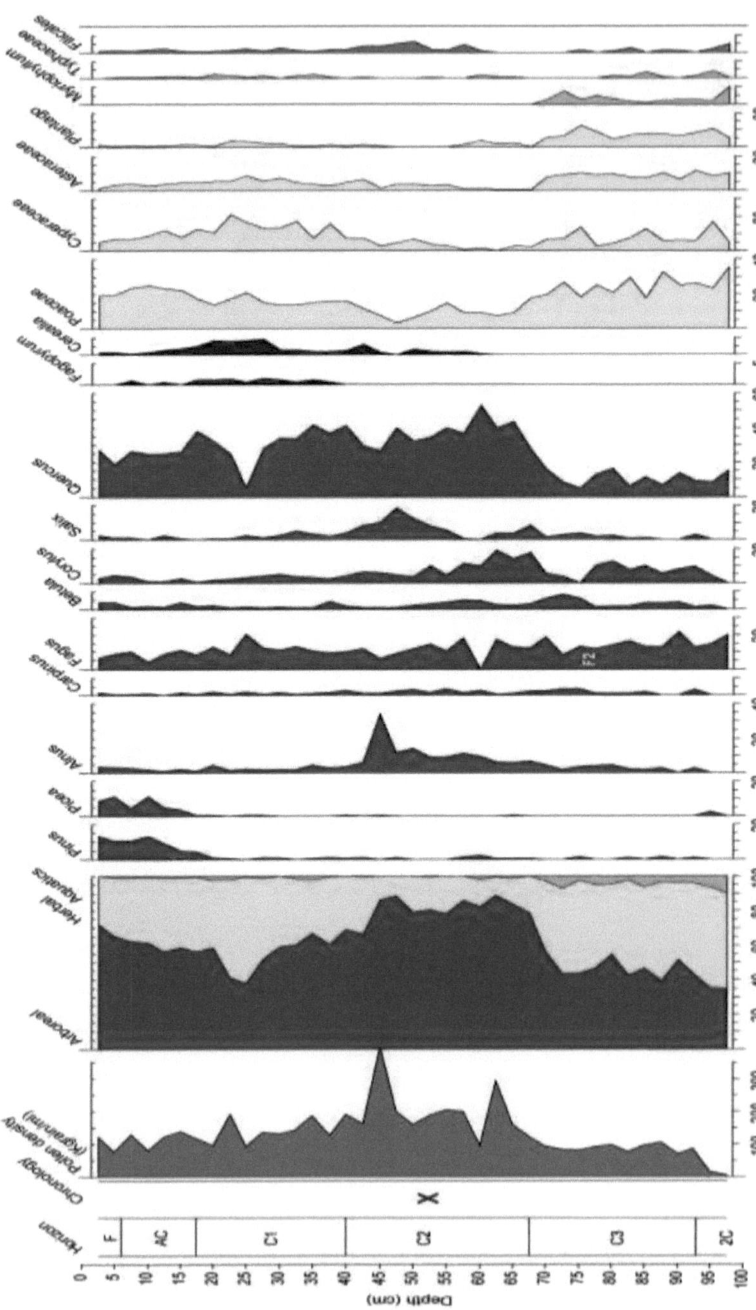

Figura 25. Diagrama polínico de Biischtert (análise de J.M. van Mourik).

As densidades polínicas mais elevadas ocorrem no C2, o que aponta para uma taxa de deposição relativamente baixa. Todos os espectros apresentam percentagens elevadas de pólen herbáceo. Os espectros polínicos reflectem a recuperação da floresta. A camada superior coluvial (C1, argila cinzenta clara) foi depositada desde ≈1500 d.C. e reflecte o aparecimento de *Fagopyrum* e *Picea,* tal como nos diagramas de Seitert e Brasert 2. As densidades polínicas são inferiores às do C2, o que indica uma aceleração da taxa de sedimentação coluvial. O solo superficial (F, Ah) é uma forma de húmus vermimul. O aumento de *Pinus* e *Picea* no horizonte Ah (argila cinzenta escura) aponta para a sedimentação desta camada após 1800 d.C.

Capítulo 8. A correspondência arqueométrica entre cerâmica e barro de mardel.

Figura 26. Fragmentos de cerâmica. Em cima: Cerâmica romana, recolhida na escavação do sítio de Biischtert; Em baixo: Relíquias da lavra romana, recolhidas perto do mardel Kalefeld (o comprimento da barra é de 1 cm).

Tabela 5. Composição geoquímica média de todas as amostras (cerâmicas, mardelos e solos) por XRF. Os elementos principais são expressos em % em peso de óxidos.

	Na_2O	MgO	Al_2O_3	SlO_2	P_2O_5	K_2O	CaO	TiO_2	MnO	Fe_2O_3
Kalefeld										
Solo	0,16	1,66	16,53	55,20	0,43	2,22	16,32	0,99	0,07	7,71
Mardel	0,17	1,64	19,94	63,84	0,19	2,32	4,61	1,02	0,04	5,70
Cerâmica	0,16	1,66	16,53	55,20	0,43	2,22	16,32	0,99	0,07	6,12
Biischtert										
Solo	0,29	4,06	19,54	66,02	0,07	3,38	0,40	1,04	0,03	4,80
Mardel	0,28	4,71	21,38	61,52	0,07	3,58	0,44	0,99	0,07	8,41
Cerâmica	0,20	5,22	22,29	57,44	0,20	3,65	0,35	1,17	0,09	8,88

A análise química por aplicação de WD-XRF (espetroscopia de fluorescência de raios X dispersiva em comprimento de onda) é utilizada como técnica primária para definir a origem provável dos materiais cerâmicos e a sua semelhança com as argilas de mardel. O quadro 5 apresenta os resultados químicos do solo (S), das amostras de mardel (M) e dos achados cerâmicos (C) de Kalefeld (Kal) e Biischtert (Bii).

As abundâncias de elementos principais e vestigiais são relativamente semelhantes para a maioria dos elementos nos materiais cerâmicos. As cerâmicas atribuídas a Kalefeld têm, no entanto, um teor sistematicamente mais elevado de carbonato e valores significativamente mais baixos de MgO, K_2O e Fe_2O_3. Espera-se que todas as análises efectuadas no mesmo local, ou seja, tanto no solo como no mardel, apresentem valores geoquímicos semelhantes. No entanto, existe uma variação consistente entre os materiais cerâmicos uniformes e algumas amostras de mardel e de solo. As análises de composição dos mardéis de Biischtert e Brasert são muito semelhantes e consistentes com os valores químicos da cerâmica de Biischtert. Em geral, o teor de SiO_2 é mais elevado nas amostras de mardelos e de solo do que nos materiais cerâmicos (com exceção dos mardelos de Biischtert). A Figura 28 mostra a clara discriminação entre a argila e a cerâmica de Biischtert e as de Kalefeld. Trata-se aqui de diferenças especialmente grandes nas abundâncias de CaO e MgO nos substratos das matérias-primas.

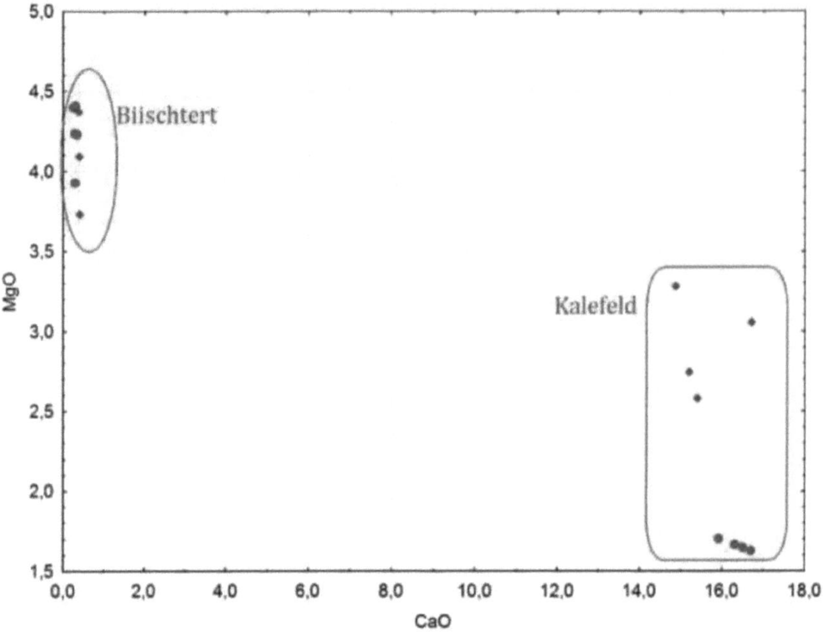

Figura 28. Diagrama bivariado das cerâmicas de Kalefeld e Biischtert (vermelho) e das argilas (verde) mostrando uma clara discriminação nos valores de CaO e MgO.

Foi efectuada uma análise estatística multivariada para determinar a atribuição de grupos e a variabilidade dos solos, dos mardelos e das amostras de cerâmica arqueológica, incorporando dados de elementos principais e vestigiais. Foi efectuada uma transformação logarítmica dos valores de concentração para calcular as pontuações PCA. Os elementos potencialmente discriminantes, tais como SiO_2 , CaO, TiO_2 , K_2O, Fe_2O_3, MgO, MnO, Na_2O, Al_2O_3, Zr, Zn, Sr, Cr e Rb foram selecionados para esta análise. Todas as amostras apresentam baixos níveis de P_2O_5 o que significa alterações pós-deposicionais restritas dos materiais cerâmicos. Os dois primeiros PCs representam aproximadamente 60 % da variação dos dados.

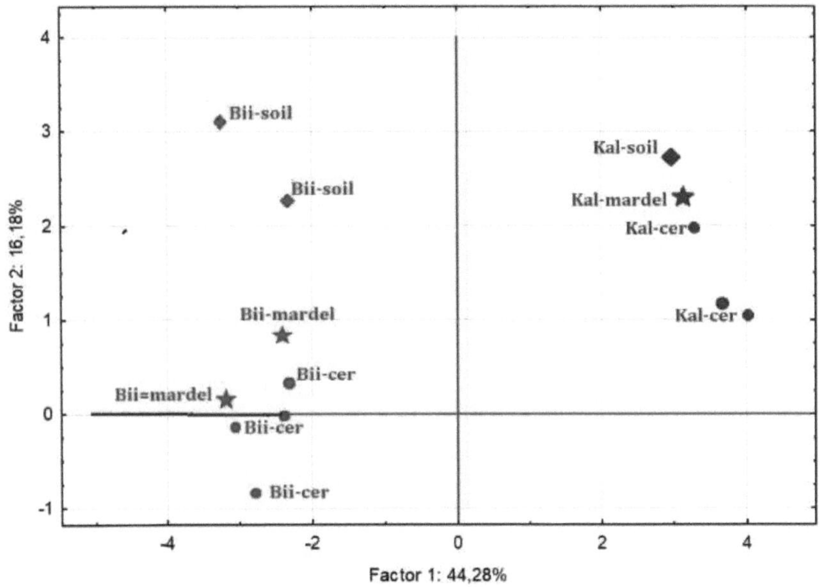

Figura 29. Gráfico de pontuação dos componentes principais 1 e 2 (PC1 vs PC2), representando 16% e 44% da variância total.

O resultado gráfico da análise de componentes principais confirma a presença de pelo menos dois grupos distintos (fig. 29). Todas as amostras de cerâmica de Biischtert são agrupadas de forma consistente e pode observar-se uma separação clara com as amostras de solo e de mardel de Kalefeld, principalmente relacionada com o teor de CaO, MgO e SiO_2 . Os solos e, em menor grau, os mardéis de Kalefeld são significativamente enriquecidos em carbonato e teor de marga, resultando num agrupamento claramente diferente. A cerâmica de Kalefeld situa-se entre os mardéis e os solos. Para além dos valores mais elevados de Cao, o teor de MgO, K_2O e Al_2O_3 é consistente com os dados obtidos no mardel de Kalefeld. Com base nestas observações, pode concluir-se que a composição da argila mardel de Biischtert é coerente com as composições cerâmicas obtidas em Biischtert. Embora a sobreposição seja menos clara e com exceção do teor exato de CaO, pode observar-se uma coerência entre as cerâmicas de Kalefeld e os mardéis/solos. Além disso, as mardelas de Berdorf, Seitert e Beaufort são significativamente diferentes das outras amostras de mardelas e solos.

Em geral, estes últimos mardéis estão especialmente empobrecidos em teor de MgO e têm valores totais de Fe significativamente mais baixos do que os outros solos e mardéis de Keuper.

Capítulo 9. Discussão e conclusões.

9.1. Paleoecologia dos depósitos de mardel.

A história florestal holocénica do Gutland está bem registada nos diagramas polínicos de Roudbaach e Dauwelsmuer. Estes diagramas mostram uma presença contínua de floresta caducifólia e, consequentemente, o correspondente sistema de solos florestais desde o início do período boreal até ao final do período subboreal. O transporte descendente de argila dispersa dos excrementos das minhocas é a principal fonte de sedimentos, acumulados em mardelos.

A datação dos enchimentos de mardel não pode ser baseada na datação por radiocarbono devido à escassez de macro-resíduos orgânicos nestes depósitos e, além disso, à origem destas partículas. Uma exceção é o mardel Beaufort. Neste núcleo, a sequência começou com a acumulação de turfa *de Drepanocladus*, que pode ser utilizada para uma datação fiável por radiocarbono. Além disso, a maioria das partículas orgânicas na argila de mardel tem origem em material de solo erodido a montante e, consequentemente, os resultados da datação por radiocarbono sobrestimarão a idade real da argila.

A datação dos enchimentos de mardel deve basear-se em marcadores temporais palinológicos, demonstrados nos diagramas de referência. Em contraste com o conteúdo polínico sin-sedimentar dos depósitos turfosos, a composição polínica dos enchimentos de mardel é uma mistura da deposição regular de pólen eólico e do pólen presente no material erodido e redepositado da encosta. Consequentemente, os grãos de pólen mais antigos e corroídos estão misturados com grãos sin-sedimentares, pouco corroídos (van Mourik, 2001, 2003). Consequentemente, a zonagem polínica nos diagramas de enchimentos de mardel é ténue, em comparação com a zonagem em diagramas de depósitos de turfa. Apesar disso, alguns marcadores temporais relevantes podem ainda ser utilizados nos diagramas de núcleos de mardel: (1) a chegada de *Fagus* e *Carpinus* à região por volta de 1500 a.C., resultando na transição do Quercetum Mixtum para o Fageto-Quercetum; (2) o pico pós-romano *de Fagus* (F3 por volta de 1200 d.C.); (3) a chegada de *Fagopyrum* por volta de 1450 d.C.; (4) a extensão de

Picea e *Pinus* após 1800 d.C. devido a plantações florestais.

A interpretação da dinâmica florestal reflectida nos registos polínicos, por exemplo, a transição do Quercetum Mixtum para o Fageto-Quercetum e para os picos subatlânticos *de Fagus*, carece de discussão adicional (Slotboom e van Mourik, 2015).

Sabe-se que a produção e a dispersão do pólen das espécies polinizadas pelo vento podem variar significativamente. Este é um tema importante para uma interpretação correta do significado dos picos *de Fagus*. A produção de pólen de uma monocultura de *Quercus* é de cerca de $35x10^6$ /ha, enquanto a de *Fagus* é de cerca de $20x10^6$ /ha (Andersen, 1970). Consequentemente, uma deslocação de *Fagus* por *Quercus* dentro de um povoamento florestal pode resultar num aumento das contagens totais de pólen arbóreo que não está relacionado com a extensão da floresta (Faegry e Iversen, 1989).

As condições ambientais óptimas para o Fageto-Quercetum são substratos ricos em bases, uma temperatura média anual de $7\text{-}9^0$ C, uma precipitação anual de 600-800 mm e uma altitude topográfica de 200-550 m (Slotboom & van Mourik, 2015). As flutuações da temperatura e da precipitação afectaram a proporção entre as árvores *Quercus* e *Fagus* (Loehle, 2007). O clima mais frio e húmido durante a Idade das Trevas e a Pequena Idade do Gelo promoveu a extensão das árvores *de Quercus* em detrimento das árvores *de Fagus, enquanto* as condições mais quentes e húmidas durante a Época Romana e a Idade Média promoveram a extensão das árvores *de Fagus* (Slotboom & van Mourik 2015).

Não existe consenso na literatura sobre a questão de saber se o declínio da *Tilia* no Quercetum mixtum durante o Sub-boreal é consequência das actividades humanas ou do declínio de $2\text{-}3^0$ C nas temperaturas de verão. Firbas (1949) sugeriu um papel crucial do clima no declínio da *Tilia*. Fanta (1995) sugeriu que, nas planícies do noroeste*, a Fagus* chega ao Subboreal por migração natural; o declínio da *Tilia* e a extensão da *Fagus* durante a Época Celta/Romana (F1) foram promovidos por um regime de solos mais húmidos e um aumento da temperatura, mas também a população neolítica contribuiu para o declínio da *Tilia* através do corte de árvores e da utilização das folhas, da casca e da madeira.

Antes da chegada de *Fagus* ao Gutland, a taxa de deposição de aluvião nos fundos dos vales era baixa, indicando uma baixa taxa de erosão do solo sob o Quercetum mixtum (van Mourik e Slotboom, 2017). Presume-se que as árvores *Fagus* no Fageto-Quercetum promovem a acidificação do solo, a dispersão da argila e a erosão do solo (Cammeraat, 2006; Cammeraat e Kooijman, 2009).

Com base em estudos de depósitos no fundo dos vales (van Mourik e Slotboom, 2017), sugeriu-se que a taxa de erosão do solo e a acumulação de colúvio no fundo dos vales e nos mardéis aceleraram no Subatlântico devido à desflorestação. Durante o Subatlântico, as oscilações climáticas e o uso da terra controlaram a taxa de erosão do solo, como demonstrado nos estudos de perfil dos mardéis Brasert e Kalefeld (Poeteray et al., 1984; Slotboom & van Mourik, 2015).

Palinologicamente, a extensão das terras aráveis em detrimento das pastagens numa paisagem desflorestada foi observada entre 1500 e 1800 d.C. durante a Pequena Idade do Gelo (Poeteray et al., 1984). Os agricultores continuaram a desenvolver a paisagem cultural, mas provavelmente mudaram para culturas mais resistentes às circunstâncias climáticas mais frias e húmidas, como o *Fagopyrum* (Slicher van Bath, 1960).

Não se sabe se as taxas de erosão do solo sob o Quercetum Mixtum atlântico e o Fageto-Quercetum subatlântico são semelhantes, mas é provável que a erosão do solo tenha sido um processo ativo durante todo o Holoceno (jungerius, 1980). É evidente que a desflorestação e a extensão da agricultura promoveram a erosão do solo durante o Subatlântico. Apesar disso, é notável que os enchimentos de mardel no Luxemburgo (Poeteray et al., 1984; van Mourik e Slotboom, 2015) e na Lorena (Etienne et al., 2013) tenham sido datados como pós-romanos e que nunca tenham sido detectados enchimentos pré-romanos.

A razão pela qual os romanos escavavam mardéis não é clara. Etienne et al. (2013) sugeriram como possíveis finalidades para os mardéis da Lorena a extração de argila, a fertilização do solo, o abeberamento do gado e a criação de peixes. Não é plausível que os solos férteis do planalto de Gutland necessitassem de fertilização por marling e a necessidade de lagos para o gado beber ou para a piscicultura era provavelmente baixa devido à densidade de riachos e vales na paisagem. A conquista de argila para a produção de cerâmica parece ser a melhor opção para explicar a ocorrência de mardéis no Gutland.

A ocupação romana desta região durou de 53 a.C. a 406 d.C.; os romanos controlaram a gestão do território, construíram povoações e criaram uma densa rede viária (Thill, 1979). No mapa arqueológico Folha 12, Larochette, as actividades romanas estão localizadas perto dos aglomerados de mardelos (Folmer e Krier, 1980). Perto dos mardéis de Kalefeld está indicada uma azulejaria romana (sítio 27 no bairro de Savelborn). Perto dos mardéis de Biischtert, foi encontrada cerâmica romana na escavação de Biischtert (Jacoby, 2011).

Os diagramas polínicos dos preenchimentos de mardel investigados nas margas de Strassen e no Steinmergelkeuper têm algumas caraterísticas palinológicas de diagnóstico em comum.

- A diminuição drástica das densidades polínicas desde a camada de base coluvial até às margas meteorizadas, aponta para o truncamento do antigo solo no Steinmergelkeuper pela escavação de coluviões pré-romanos.

- Não foram encontrados vestígios palinológicos dos antigos solos florestais sob os depósitos coluviais pós-romanos.

- Algum pólen, incluindo (semi)aquáticos, infiltrou-se no solo de marga truncada (densidade polínica muito baixa, grãos de pólen pouco corroídos).

- Os espectros polínicos das camadas básicas dos depósitos coluviais contêm espécies de plantas (semi)aquáticas, apontando para condições de zonas húmidas durante a deposição das camadas coluviais mais antigas.

- Os enchimentos de mardel são todos datados como pós-romanos, a deposição começou após a transição do Quercetum mixtum para o Fageto-Quercetum e após o ótimo *Fagus* pós-romano (F1).

- As cereálias estão presentes em todos os horizontes dos depósitos.

- Foi registado o aparecimento do *Fagopyrum* por volta de 1450 d.C.

- A extensão de *Pinus* e *Picea,* reflectindo as plantações após 1800 d.C., é claramente observável.

Os marcadores temporais palinológicos nos diagramas de enchimentos de mardelos e a desconformidade entre as margas meteorizadas e os enchimentos coluviais indicam enchimentos pós-romanos em depressões provavelmente escavadas. Resta saber porque é que os romanos escavaram mardéis.

9.2. A análise arqueológica indica uma correspondência entre a argila mardel e a cerâmica romana.

O segundo objetivo deste estudo foi responder à questão de saber se os romanos extraíam argila dos mardéis para a produção de cerâmica. Este objetivo foi investigado por comparação arqueométrica, através de análises geoquímicas por XRF, da composição de vários materiais de origem potencial para a produção de cerâmica com amostras de argila de depósitos de mardelos e solos circundantes. Os resultados mostram um padrão consistente da composição dos cacos romanos do sítio de escavação de Biischtert com amostras de argila dos mardéis e solos circundantes no Steinmergelkeuper (em primeiro lugar Biischtert, mas também Brasert e Seitert são plausíveis).

A composição das amostras de argila das margas de Strassen é consistentemente diferente. No entanto, as propriedades texturais das amostras de argila dos mardéis e do solo circundante indicam também um potencial material adequado para a produção de cerâmica. Para verificar a correspondência deste material de origem com uma produção de cerâmica na Antiguidade, é necessária uma comparação com os achados de um local de escavação nas margas de Strassen. No entanto, atualmente não dispomos de tais achados.

9.3. Génese natural e antropogénica dos mardéis.

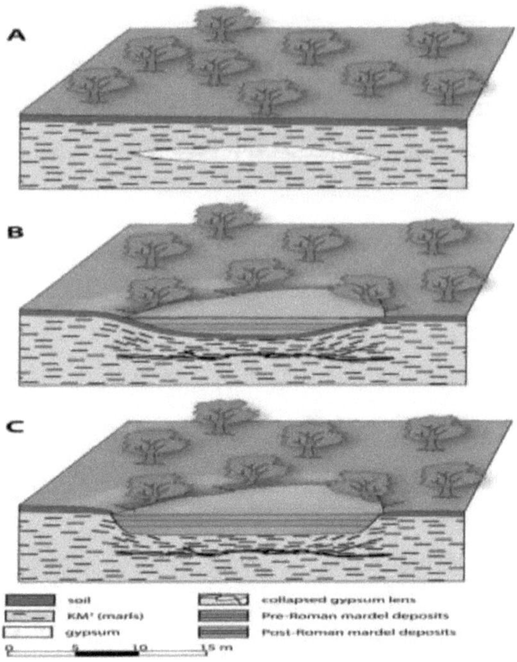

Figura 30. Os estádios geomorfológicos no desenvolvimento de mardéis no Steinmergelkeuper.

A.*Paisagem inicial no Steinmergelkeuper (li3) com um solo, desenvolvido na formação marga com uma lente de gesso subsuperficial.*

B.*Mardel natural; desenvolvimento de uma base de subsidência, causada pela dissolução da lente de gesso, preenchida com colúvio argiloso pré-romano, enterrando o paleossolo descido.*

C.*Mardel escavado; escavação (romana) de argila e truncamento do paleossolo (mole); na pedreira abandonada poderia recomeçar a deposição de colúvios argilosos (pós-romanos).*

Presume-se que os romanos preferiam os mardéis do planalto de Gutland como locais privilegiados para a extração de argila de boa qualidade para a produção de cerâmica. Podiam escavar argila nos mardéis do planalto de Gutland, perto das povoações, para a produção de cerâmica. Outras fontes, como o aluvião fluvial argiloso, não estavam disponíveis nas proximidades nessa altura (Slotboom & van Mourik, 2016).

Os mardéis em Gutland, desenvolvidos nas margas de Strassen (li^3), são o resultado de escavações históricas em argila (Slotboom & van Mourik, 2015); os diagramas polínicos publicados (Berdorf e Beaufort) demonstram uma idade pós-romana para os preenchimentos coluviais destes mardéis num solo truncado em margas desgastadas. Muito provavelmente, a escavação começou em depressões pouco profundas e húmidas no planalto, relacionadas com os padrões de juntas na formação de arenito subjacente (li^2).

Os mardéis do Steinmergelkeuper (km^3) desenvolveram-se como bacias de subsidência, causadas pela dissolução de lentes e veios de gesso subsuperficiais (Poeteray at al., 1984; van Mourik e Slotboom, 2017). Estas bacias desenvolveram-se desde o início do Holoceno (Barth, 1996; Thoen & Hérault, 2006). Estas depressões funcionavam como armadilhas de sedimentos.

A erosão do solo é um processo que ocorreu durante todo o Holocénico. No Subatlântico, a erosão do solo acelerou devido às desflorestações. Mas também antes dessa altura alguma argila coluvial deve ter sido depositada nos mardéis naturais que se desenvolveram no Steinmergelkeuper. É muito provável que os romanos tenham escavado os mardéis pré-romanos, primeiro nos mardéis maiores e mais tarde também nos mais pequenos. Não só o enchimento coluvial foi extraído, mas também a parte superior do solo subjacente (macio) nas margas meteorizadas. Posteriormente, a deposição de colúvio argiloso pôde recomeçar nas pedreiras abandonadas.

É possível distinguir a génese natural da génese antropogénica dos mardéis do planalto de Gutland através da combinação de resultados de análises paleoecológicas e arqueométricas?

Os enchimentos dos mardéis nas margas de Strassen, bem como no Steinmergelkeuper, foram todos datados como pós-romanos. No entanto, não havia mais do que dois locais disponíveis para a recolha de cerâmica romana, a antiga fábrica de lavra de Roam, perto do mardelcluster Kalefeld, e a cerâmica romana da escavação de Biischtert, perto do mardelcluster Biischtert. É possível que, no futuro, se realizem mais escavações arqueológicas nas proximidades dos mardéis, mas os resultados da análise XRF das cerâmicas de Kalefeld e Biischtert fornecem uma indicação clara de que os romanos utilizaram efetivamente argila de mardel para a produção de cerâmica e criaram mardéis nos margas de Strassen e criaram ou ampliaram mardéis naturais no Steinmergelkeuper. Se isto for verdade, podemos distinguir três estádios geomorfológicos no desenvolvimento de mardéis no Steinmergelkeuper, como resumido na fig. 30. O estádio B nesta figura é semelhante ao tipo C na figura 2.

9.4. Conclusões.

- Os diagramas de referência dos Histossolos mostram o desenvolvimento da floresta caducifólia na Gutland desde o início do Boreal até ao Subatlântico, quando começou a desflorestação.

- Com base nos marcadores temporais palinológicos, registados nos Histosols, podemos datar os enchimentos de mardel nas margas Strassen e no Steinmergelkeuper como pós-romanos.

- A discordância entre os depósitos coluviais argilosos e as margas subjacentes e a presença de espécies de pólen (sub)aquáticas infiltradas nas margas apontam para a deposição de argila coluvial num piso de pedreira abandonado e não num solo florestal colapsado.

- Os grãos de pólen de espécies (sub)aquáticas ocorrem também nos depósitos coluviais mais antigos, o que aponta para condições locais de zonas húmidas durante a deposição.

- Não foram encontrados vestígios de solos florestais enterrados sob os preenchimentos argilosos dos mardéis nas margas de Strassen, nem no Steinmergelkeuper.

- A abordagem arqueométrica demonstra a coerência entre as propriedades da argila dos mardelos e os fragmentos de cerâmica produzidos nas proximidades dos mardelos.

- Apenas dois sítios arqueológicos estavam disponíveis nas proximidades dos mardéis de Gutland para a recolha de cerâmica romana, no entanto os dados apontam para uma diferença de génese dos mardéis nas margas de Strassen e Steinmergelkeuper.

- A correlação entre a cerâmica de Kalefeld e a argila do solo de Kalefeld aponta para a criação de um mardel antropogénico. Muito provavelmente, os mardéis nos margas de Strassen foram criados em depressões húmidas pouco profundas, causadas pelo padrão de juntas na formação de arenito subjacente.

- A correlação entre a cerâmica Biischtert e a argila de mardel aponta para a escavação e ampliação de um mardel natural. Muito provavelmente, os mardéis no Steinmergelkeuper desenvolveram-se em bacias de subsidência, causadas pela solução de lentes de gesso subsuperficiais.

- Os mardéis são formas de relevo caraterísticas do planalto de Gutland, contribuem para a geo-biodiversidade; os enchimentos de mardéis são arquivos de solo valiosos para a reconstrução da evolução da paisagem subatlântica, são relíquias da utilização romana do solo, especialmente a extração de argila para a sua indústria cerâmica.

- Os mardéis são elementos valiosos do património geológico e cultural e, desse ponto de vista, é importante evitar a sua ameaçadora destruição. É importante preservar uma seleção crítica de aglomerados de mardelos, não só como monumentos geoecológicos da paisagem, mas também como objectos para futuras investigações geoecológicas e arqueológicas.

Referências.

- Andersen, S.T. (1970) The relative pollen productivity and pollen representation of North European trees. Denmarks Geol. Unders R2 Nr 96 199

- Barth, B. (1996) Mardellen im Lotharingischen Gipskeuper. Delattinia 22: 760.

- Braekmans, D., Degryse, P., Poblome, J., Neyt, B., Vyncke, K., Waelkens, M. (2011). Compreender a variabilidade da cerâmica: An archaeometrical interpretation of the Classical and Hellenistic ceramics at Düzen Tepe and Sagalassos (Southwest Turkey), Journal of Archaeological Science 38 (9), 2101-2115.

- Braekmans, D.J.G., van Mourik, J.M., e Doorenbosch,M. (2017). Génese natural versus antropogénica de mardéis (depressões fechadas) no planalto de Gutland (Luxemburgo); evidência arqueométrica da utilização de argila de mardel para a produção de cerâmica. Submetido à Applied Clay Science.

- Braque, R. (1966). Observation sur les mardelles du plateau nivernais. Bulletin de l'Association française pour l'étude du quaternaire - Volume 3 - Numéro 3 - 1966. pp. 167-179.

- Cammeraat, L.H. (2006). Luxemburgo. In: J. Boardman e J. Poesen (Editores), Soil Erosion in Europe. John Wiley&Sons, Chichester, pp. 427-438

- Cammeraat, L.H. e Kooijman, A.M. (2009). Controlo biológico dos processos pedológicos e hidro-geomorfológicos num ecossistema florestal de folha caduca. Biologia 64/3 428-432.

- Daniels, A.G. (1964). A contribution to the investigation of the Holocene history of the Beech in the Eastern Netherlands. Ata Botanica Neerlandica 1: 66-74.

- Degryse P e Braekmans D. (2014). Análise Elementar e Isotópica de Cerâmica e Vidro Antigos. In: Holland H.D. e Turekian K.K. (eds.) Treatise on Geochemistry, Second Edition, vol. 14, pp. 191-207. Oxford: Elsevier.

- Dypvik, H. (1979). Mineralogy and geochemistry of the Mesozoic sediments of Andya, Northern Norway, *Sediment Geology* 24, 45-67.

• Elsik, W.C. (1971). Degradação microbiológica da esporopollenina. In: Brooks, J., Grant, P.R., Muir, R., Van Gijzel,

• P., Shaw, G. (Eds.), Sporopollenin. Academic Press, Londres, pp. 480-511.

• Etienne, D., Ruffaldi, P., Goepp, S., Ritz, F., Georges-Leroy, M., Pollier, B., Dambrine, E. (2011) A origem das depressões fechadas no Nordeste de França: Uma nova avaliação. Geomorfologia 126: 121-131.

• Etienne, D., Ruffaldi, P., Goepp, S., Dupouey, J.L., Georges-Leroy, M., Ritz, F., Dambrine, E. (2013). À procura de florestas antigas: Um ano 2000 de uso da terra nas florestas do nordeste da França deduzido das composições de pólen de depressões fechadas. The Holocen 23(5) 678-691.

• Fanta, J. (1995) Beuk *(Fagus sylvatica)* in het Nederlandse deel van het NW-Europees diluvium. Nederlands Bosbouw Tijdschrift 1995: 225-234.

• Faegri, K., Iversen, J. (1989) Textbook of Pollen Analysis. 4th edition. John Wiley & Sons, Chichester.

• Firbas, F (1949) Spät und nacheiszeitliche Waldgeschichte Mitteleuropas nördlich der Alpen. Band 1: Allgemeine Waldgeschichte. Gustav Fischer, Jena, Alemanha.

• Folmer, N. e Krier, J. (1980) Carte archéologique du Grand-Duché de Luxembourg, Feuille 12, Larochette

• Gauthier, E. (2000). Analyse pollinique des remplissages sédimentaires des mardellesde Hellange et de March (Luxembourg). UMR Besançon.

• Green, R.N., Towbridge, R.L., Klinka, K., 1993. Para uma classificação taxonómica das formas de húmus. Ciência Florestal, Monografia 29 (49 pp).

• Hein, A., Day, PM., Cau Ontiveros, MA., Kilikoglou, V. (2004) Red clays from Central and Eastern Crete: geochemical and mineralogical properties in view of provenance studies on ancient ceramics. Applied Clay Science 24: 245-255. doi: 10.1016/j.clay.2003.07.009

• Heuertz, A.J. and Heyart, H. (1964) Le alluvions de l'Alsette entre Pettange et

Moesdorf et leur contenue préhistorique. Instituto Grão-Ducal do Luxemburgo, secção de Ciências. Arquivo da Nova Série, Tomo XXX: 271-296.

- ISRIC-FAO (2006) World Reference Base for Soil Recourses 2006. World soil resources reports 103.
- Jacoby, R. (2011) Chronologie der Aktivitäten in der Biischtert. De Viichter Geschitsfrënd 10: 7-10.
- Jungerius PD (1980) Rebaixamento holocénico da superfície na zona de Lias cuesta do Luxemburgo, calculado a partir da quantidade de minerais vulcânicos de idade Allerod que permanecem nos solos residuais. Revista de Geomorfologia N.F. 24:192199
- Kooijman, A.M., van Mourik, J.M., e Schilder, M.L.M. (2009). A relação entre a mineralização de N ou a biomassa microbiana N com propriedades micromorfológicas em solos florestais de faia com diferentes texturas e pH. Biologia e Fertilidade dos Solos, 45(5), 449-459.
- Leenders, K.A.H.W., 1987. De boekweitcultuur in historisch perspectief. Geografisch Tijdschrift 21, p. 213-222. (com resumo em inglês).
- Loehle, C. (2007) A 2000-year global temperature reconstruction based on non-treeing proxies. Energia e Ambiente, 18 No. 7+8
- Lucius, M. (1941) Beiträge zur Geologie von Luxemburg: Die Ausbildung der Trias am Südrande des Oeslings. Veröffentl. Lux. Geol. Landesaufnahmed. B III.
- Lucius, M. (1948) Geologie Luxemburgs; Erläuterungen zu der Geologischen Spezialkarte Luxemburgs, band V. Service Géologique de Luxembourg.
- Mook, W.G., Streurman, H.J. (1983) Physical and chemical aspects of radiocarbon dating. Primeiro Simpósio sobre^{14}C e Arqueologia, Groningen, PACT 8: 31-55.
- Moore, P.D., Webb, J.A., Collinson, M.E. (1991) Pollen Analyses. Blackwell Scientific Publications, Oxford.
- Osmond, C.B., Valaane, N., Haslam, S.N., Uotila, P., Roksandic, Z. (1981)

Comparações dos valores de S^{13} C em folhas de macrófitas aquáticas de diferentes habitats na Grã-Bretanha e na Finlândia. Oecologia 50: 117-124.

- Persch, F. (1950) Zur postglazialen Wald- und Morentwicklung im Hohen Venn. Decheniana 104.

- Poeteray, F.A., Riezebos, P.A., Slotboom, R.T. (1984) Rates of Subatlantic lowering calculated from mardel-trapped material (Gutland, Luxembourg). Zeitschrift für Geomorphologie 1984: 467-4821.

- Riezebos, P.A., Slotboom, R.T. (1974) Palynology in the study of present day hill slope development. Geologie en Mijnbouw 5: 436-448.

- Riezebos, P.A., Slotboom, R.T. (1978) Pollen analysis of the Husterbaach peat (Luxembourg): its significance for the study of sub recent geomorphological events. Boreas 7: 75-82.

- Schmalen, C. (2002) Einige Mardellen Luxemburgs auf den Keuper-und Liasschichten des Forstamtbezirks Zentrum. Diplomarbeit in Studiengang Umweltplanung an der Fachhochschule Trier, Standort Birkenfeld, 2002.

- Schmidt, G. (1995) Cartographie de biototpes de Seitert; le plateau des fermes de Savelborn. Oeko Fonds, junho de 1995.

- Schwenninger, J.L. (1989) Pollen analysis and community structure of Holocene forests: A regional palynological study of the Middle and Upper Postglacial from semi-subhydric alder carr sediments at Berdorf (Luxembourg). Bulletin de la Société des naturalistes luxembourgeois 89 (1989) 157-196.

- Slicher van Bath, B.H. (1960) De agrarische geschiedenis van West Europa. Uitgave Spectrum, Aula 32.

- Slotboom, R.T. (1963) Comparative geomorphological and palynological investigation of the pingos (Viviers) in the Haute Fagnes (Belgium) and the Mardellen in the Gutland (Luxembourg). Zeitschrift für Geomorphologie 7: 193-231.

- Slotboom, R.T., van Mourik, J.M. (2015) Registos polínicos de depósitos de mardel;

os efeitos das oscilações climáticas e da gestão do território na erosão do solo em Gutland, Luxemburgo. Catena 132 (2015) 72-88.

- Thill, G. (1977) Vor- und Frühgeschichte Luxemburgs. Edições Bourg-Bourger, Luxemburgo, 1977.

- Thoen, D., Hérault, B. (2006) Flore, groups socio-écologique et typologie de mardelles forestières de Lorrainne belge et luxembourgeoise. Bull. Soc. Luxemb. 107: 3-25.

- van Mourik, J.M. (2001) Pólen e esporos, preservação em ambientes ecológicos. Em: Briggs, E.G., Crowther, P.R. (Eds.), Palaeobiology II. Blackwell, Oxford: 315-318.

- van Mourik, J.M. (2003) Ciclo de vida dos grãos de pólen em formas de húmus de minhoca de solos jovens de floresta ácida: uma abordagem micromorfológica. Catena 54: 651-663.

- van Mourik, J.M., Wartenbergh, P.E., Mook, W.J., Streurman, H.J., (1995) Radiocarbon dating of palaeosols in eolian sands. Mededelingen Rijks Geologische Dienst 52, 425-439.

- van Mourik, J.M. e Slotboom, R.T., (2017) Reconstrução palinológica dos efeitos das oscilações climáticas do Holocénico e da história agrícola nos solos e formas de relevo no Luxemburgo. In: Kooijman et al., eds (2017) The Luxembourger Gutland Landscape. Springer Verlag, 34 pp.

- Verhoef, P. (1966) Geomorphological and pedological investigations in the Redange-sur-Attert Area (Luxembourg). Publicaties van het Fysisch Geografisch en Bodemkundig Laboratorium van de Universiteit van Amsterdam, 8.

MIX
Papier aus verantwortungsvollen Quellen
Paper from responsible sources
FSC® C105338

Printed by Books on Demand GmbH, Norderstedt / Germany